Atomistique et liaison chimique

Cours et exemples d'illustrations

Atomistique et liaison chimique

Cours et exemples d'illustrations

Noureddine El Baraka
Abdellatif El Hammadi

ELIVA PRESS

ISBN: 978-99949-8-152-6

Cover Design: Eliva Press
Cover Image: Ingimage
Email: info@elivapress.com
Website: www.elivapress.com

This Eliva Press imprint is published by the registered company Eliva Press Global Ltd. part of Eliva Press S.R.L. Publishing Group

The registered company address is: Pope Hennessy Street Level 2, Hennessy Tower Port Louis, Mauritius
Eliva Press S.R.L. Publishing Group address is: Bulevardul Moscova 21, Chisinau, Moldova, Europe

Noureddine EL BARAKA
Abdellatif EL HAMMADI

Atomistique et liaison chimique

Avant-propos

L'atomistique est la branche de la chimie qui étudie la structure et le comportement des atomes, ainsi que leurs interactions avec d'autres atomes et molécules.

Ce livre est destiné à offrir une introduction claire et accessible à l'atomistique et à la liaison chimique. Nous avons créé ce livre pour ceux qui cherchent à comprendre la structure et le comportement des atomes, ainsi que pour ceux qui cherchent à comprendre comment les atomes se combinent pour former des molécules et des composés.

Nous avons structuré ce livre de manière à offrir une progression logique à travers les concepts et les théories fondamentales de l'atomistique et de la liaison chimique. Nous commençons par une présentation des atomes et de leur structure, en passant en revue les modèles atomiques et les concepts clés tels que les orbitales et les couches électroniques. Nous discutons ensuite de la liaison chimique, en examinant les différents types de liaisons chimiques, tels que les liaisons covalentes, ioniques et métalliques.

Nous abordons également la théorie de la liaison de valence et la théorie des orbitales moléculaires, ainsi que d'autres théories importantes pour comprendre la structure et le comportement des molécules et des composés. Nous discutons également des propriétés des molécules et des composés, telles que la polarité, l'énergie ionisation, et la réactivité chimique.

Nous espérons que ce livre sera utile aux étudiants en chimie, aux professionnels de la chimie, aux enseignants et à tous ceux qui cherchent à comprendre l'atomistique et la liaison chimique. Nous avons travaillé dur pour offrir une présentation claire et concise des concepts clés, et nous espérons que vous apprécierez la lecture de ce livre autant que nous avons aimé l'écrire.

Nous sommes ravis de vous présenter cette introduction à l'atomistique et espérons que vous apprécierez ce cours et que vous en retirerez une compréhension approfondie des atomes et de leur comportement.

SOMMAIRE

Introduction generale

La chimie est la science qui étudie la matière, ses propriétés, ses transformations et les lois qui les régissent. L'atomistique et la liaison chimique sont deux domaines fondamentaux de la chimie, qui nous permettent de comprendre la structure et le comportement des atomes ainsi que la formation des liaisons entre eux pour créer des molécules et des composés.

L'atomistique est l'étude de la structure des atomes, de leur composition et de leur comportement dans différentes conditions. La théorie atomique moderne nous enseigne que les atomes sont composés d'un noyau chargé positivement, entouré d'électrons qui sont chargés négativement et qui orbitent autour du noyau. La configuration électronique d'un atome détermine ses propriétés physiques et chimiques.

La liaison chimique, quant à elle, est l'étude de la formation de liaisons entre les atomes pour créer des molécules et des composés. Les liaisons chimiques sont créées lorsque les atomes partagent ou transfèrent des électrons pour atteindre une configuration électronique plus stable. Les types de liaisons chimiques les plus courants sont les liaisons covalentes, les liaisons ioniques et les liaisons métalliques.

La compréhension de l'atomistique et de la liaison chimique est cruciale pour de nombreux domaines de la chimie, tels que la cinétique chimique, la thermodynamique, la spectroscopie et la chimie des matériaux. Elle est également importante dans d'autres domaines scientifiques tels que la biologie, la physique et la géologie.

Dans ce livre, nous allons explorer les concepts clés de l'atomistique et de la liaison chimique, ainsi que les théories et les modèles qui ont été développés pour les comprendre. Nous allons également examiner les différentes propriétés des molécules et des composés, telles que la polarité, la solubilité, la réactivité et les propriétés spectroscopiques.

Ce livre est destiné aux étudiants en chimie, aux professionnels de la chimie et à tous ceux qui sont intéressés par la chimie et qui cherchent à approfondir leur compréhension de l'atomistique et de la liaison chimique. Nous espérons que ce livre vous aidera à comprendre ces concepts importants et à les appliquer dans votre travail et vos études

CHAPITRE I : STRUCTURE DE L'ATOME ET SES CONSTITUANTS

I - CONSTITUTION DE L'ATOME

1) Atome

La matière qui nous entoure est constituée d'atomes, c'est la plus petite particule capable, à l'état nanométrique, de conserver les propriétés de la matière.

On dit que la matière est quantifiée, ou discontinue car l'atome est constitué de particules élémentaires : le noyau et un cortège électronique.

Un corps constitué d'atomes de même espèce est appelé corps simple ou élément chimique.

Un atome est donc constitué d'un noyau de A nucléons (Z protons et N neutrons) concentrant pratiquement toute la masse de l'atome et des électrons minuscules

Le noyau a un diamètre infiniment petit $\approx 10^{-5}$nm. Il est constitué de nucléons : les protons (notés H ou p) et les neutrons (notés n). Le noyau concentre la quasi-totalité de la masse de l'atome.

Représentation du noyau :

Z = nombre de protons = masse atomique.

Nombre de masse

$$^{A}_{Z}X$$

Nombre de protons

$$A = Z + N$$

N = nombre de neutrons

A = nombre de nucléons = nombre de masse = Z+N.

Exemple : $^{1}_{1}H$ A=1, Z=1 , N=1-1=0 et le nombre d'électrons=1

$^{7}_{3}Li$: A=7, Z=3, N=7-3=4 et le nombre d'électrons=3

Ordre de grandeur : Le diamètre estimé d'un atome « libre » est de l'ordre 10^{-10}m tandis que celui d'un noyau atomique est de l'ordre 10^{-15}m (100.000 fois plus petit que l'atome). Le noyau concentre cependant l'essentiel de la masse de l'atome.

Exemple :

- Le diamètre de l'atome d'Hélium = 0.62Å (0.62×10^{-10} m) et celui du Césium = 5,96Å ($5,96\times10^{-10}$ m).
- Le diamètre du noyau de l'isotope est 2,4×10-15 m et celui de l'isotope est environ de 1 ,48×10^{-14} m

Masse et charge des nucléons :

M(proton) = **$1,6725 \times 10^{-27}$ Kg.** Q (proton) = + **$1,602 \times 10^{-27}$ C.**

M (neutron) = **$1,6750 \times 10^{-27}$ Kg.** Q (neutron) = **0 C**

Cas des ions : Dans un ion, il y a perte (cation) ou gain (anion) d'électrons, mais aucune modification des protons. Ainsi, les éléments ont tous le même noyau, ce sont les électrons qui gravitent autour qui sont en nombre différent.

Symbolisation : Pour un proton : $^{1}_{1}$**H** Pour un neutron : $^{1}_{0}n$

Pour un électron : $^{0}_{-1}e$ Pour un photon : $^{0}_{0}\gamma$

Nouvelles unités : ***Unité de **masse **a**tomique : **1uma = 1,66 × 10^{-27} Kg = 1/Na** (en g)

(Ainsi : m(p) = 1,0074 uma et m(n) = 1,0089 uma)

*Unité de **l**ongueur **a**tomique : **1ula = 0,053 nm** = rayon de l'atome de Bohr.

*Unité de **c**harge **a**tomique : **1uca = 1,602 □10^{-19} C.**

1ev = Charge □ ddp, Donc 1 ev = 1,602□10^{-19} C.

1ev=énergie d'une particule de charge élémentaire accélérée dans un champ de potentiel 1V

Les isotopes : Isotopes des noyaux (ou nucléides) : qui ont même Z et des A différents.

Les propriétés chimiques dépendent surtout du nombre de protons (Z), c'est pour cela que les isotopes ont des propriétés chimiques très voisines.

Exemple :

*Les Isotopes du carbone : $^{12}_{6}C$; $^{13}_{6}C$; $^{14}_{6}C$

Le carbone 14 a 6 protons, 6 électrons et (14-6)=8 neutrons

Le carbone 12 a 6 protons, 6 électrons et (12-6)=6 neutrons

*Les Isotopes d'hydrogènes :

$_{1}^{2}H$ pour le deutérium **(1P, 1e^{-}, 1N)**

$_{1}^{3}H$ pour le tritium **(1P, 1e^{-}, 2N)**

Remarque :

- Deux éléments qui possèdent le même nombre de nucléons sont des isobares (Z différents, A identiques),
- Des éléments qui ont le même nombre de neutrons sont dits isotones (Z différents, A différents, N identiques).

Tableau récapitule quelque exemple d'éléments chimique

Symboles	Nombre de nucléons (A)	Nombre de protons (Z)	Nombre de neutrons (N)	Nombre d'électrons
$^{23}_{11}Na$	**23**	**11**	12	**11** (électrique neutre)
$^{45}_{21}Sc$				**21** (électrique neutre)
$^{33}_{17}Cl$				**18** (car +1 électron)
$^{24}_{12}Mg^{2+}$				**10** (car -2 électrons)

Tous les éléments naturels sont constitués d'isotopes. Il en existe 3 en moyenne par élément. Il existe 109 éléments dans le tableau, donc existe 300 isotopes stables connus.

2) Masse atomique :

Masse atomique(Z) d'un élément = Moyenne des masses atomiques (Z) de tous les isotopes connus en tenant compte du pourcentage de leur présence dans l'atmosphère par rapport à l'ensemble des isotopes. La masse atomique est égale à la somme des masses des constituants de l'atome :

$$\mathbf{m_{at} = Zm_e + Zm_p + Nm_n \text{ (en kg)}}$$

L'utilisation de cette unité n'est pas commode, des unités chimiques plus faciles à manipuler ont donc été choisies ; le terme de référence étant le carbone 12.

Exemple de l'oxygène

Isotopes de l'oxygène	Masse de l'isotope	Pourcentage d'existence dans l'atmosphère
$^{16}_{8}O$	15,9949 uma	99,76 %
$^{17}_{8}O$	16,9991 uma	0,04 %
$^{18}_{8}O$	17,9991 uma	0,20 %

Ainsi, la masse atomique de l'atome d'oxygène est : m = 15,9993 uma

Les électrons : $m_{électron} = m_e = 0,911 \times 10^{-30}$ Kg on a donc $m_p \approx m_n = 1800\ m_e$.

$Q_e = -q_p = 1,602 \times 10^{-19}$ C

II) Notions de mole, unité de masse atomique et masse molaire :

1) Mole :

La mole est la quantité de matière d'un système contenant autant d'entités élémentaires qu'il y a d'atomes dans 12 grammes de carbone 12 ; son symbole est mol.

Une mole de particules élémentaires contient 6.023x1023 particules de même espèce. Ce nombre est le nombre d'Avogadro : $1\,mole = 6.023 \times 10^{23}\ particules$

Particules = électrons, protons, neutrons, atomes, molécules, ……etc.

2) Unité de masse atomique :

Masse atomique = masse réelle d'un atome, elle s'exprime en kg ou en unité de masse atomique (u.m.a.).

Par définition, l'unité de masse atomique qu'on note u.m.a est le 1/12 ème de la masse d'un atome de carbone 12 (12C).

Dans 12g de carbone il y a atomes. L'unité de masse atomique correspond à

$$1\,u.m.a. = \frac{1}{N_A} = 1.66054 \times 10^{-27}\,kg$$

Ou bien $$1\,unité = \frac{1}{12} \times M(^{12}_{6}C) = 1.66054 \times 10^{-27}\,kg$$

3) Masse molaire atomique :

La masse d'une mole d'atomes d'un élément est appelée la masse molaire de l'atome.

Une mole de carbone pesant par convention 12 g et correspondant à NA atomes de carbone, un atome de carbone pèse donc 12 / NA g et l'unité de masse atomique vaut donc 1 / NA g.

Exemple : La masse atomique du chlore naturel est :

$$M_{moy}({}_{17}Cl) = 35.5\,u.m.a. = 35.5\,g.mol^{-1}$$

Remarque : Il y a donc une correspondance directe entre la masse d'un atome en u.m.a et sa masse molaire en $g.mol^{-1}$.

Exemple :

Le carbone présente deux isotopes stables naturels : appelés couramment Carbone 12 et Carbone 13. Leurs abondances naturelles sont les suivantes :

Nombre de Masse	12	13
Abondance	98,89 %	1,1%

Soit dans l'exemple du Carbone :

$M_C = 0,9889 * M(^{12}C) + 0,011 * (M^{13}C)$

Si on n'a pas besoin d'une extrême précision on pourra assimiler les masses molaires de chacun des isotopes à leur nombre de masse.

$M_C = 0,9889 * 12 + 0,011 * 13 = 12,02\ g\ mol^{-1}$

4) Masse atomique moyenne:

La masse atomique moyenne d'un élément chimique est la masse de cet élément en tenant compte de ces isotopes.

$$M_{moy}({}_{z}X) = \frac{\sum_{i=1}(P_i \times M_i)}{\sum_{i=1} P_i}$$

Avec $P_1, P_2, P_3, \ldots P_i$ sont les abondances (en %) des différents isotopes de l'élément. $M_1, M_2, M_3, \ldots. M_i$ leurs masses respectives.

Exemple : Le chlore naturel contient 75% de l'isotope 35 ( ) et 25% de l'isotope 37 ( ). La masse atomique moyenne du chlore naturel est :

$$M_{moy}({}_{17}Cl) = \frac{(75 \times 35) + (25 \times 37)}{100} = 35.5\,u.m.a.$$

III. Défaut de masse et énergie de cohésion

Les noyaux des atomes qui existent dans la nature sont en général stables, mais certains d'entre eux se transforment spontanément en émettant un rayonnement. Ce rayonnement est accompagné d'une perte de masse du noyau et par conséquent une libération de l'énergie.

1). Défaut de masse

On appelle défaut de masse d'un noyau la différence entre la masse totale des A nucléons séparés (Z protons et N neutrons) , au repos et la masse du noyau formé au repos. La masse m d'un noyau est toujours inférieure à la somme des masses de ses nucléons isolés.

$M_{noyau} < Z \times m_p + N \times m_n$ $\Delta m = | m_{noyau} - (Z \times m_p + N \times m_n)|$

$= Z \times m_p + N \times m_n - m_{noyau}$

Δm est toujours négatif car, lors de la formation du noyau, de la matière disparaît puisque la masse des produits de la réaction est inférieure à la masse des réactifs.

2). Energie de liaison et Énergie de cohésion des noyaux

Le défaut de masse Δm correspond à une libération d'énergie (E) absorbée par les nucléons eux-mêmes, lors de la réaction de formation d'un noyau stable $_Z^A X$:

$$\mathbf{Z + N} \longrightarrow {}_Z^A X + \mathbf{E}$$

Est appelée énergie de liaison. Elle définit l'énergie libérée lors de la formation d'un noyau à partir de particules élémentaires : protons et neutrons. C'est une énergie négative.

$$E = \Delta m \times c^2 \quad \text{(Mev/mol)}$$

C : célérité ou vitesse de la lumière dans le vide = 3.10^8m/s

L'énergie de cohésion (Ech) est l'énergie qu'il faudrait apporter au noyau Z_A X pour le dissocier en ses nucléons. C'est une énergie positive $\mathbf{E_{ch} = - E}$:

$${}_Z^A X + \mathbf{E_{ch}} \longrightarrow \mathbf{Z + N}$$

Remarques

L'unité d'énergie la plus utilisée pour les énergies de liaison et de cohésion est l'électron volt (ev) et ses multiples (kilo électronvolt : 103 ev , méga électron volt : 106 ev).

Dans les réactions chimiques, l'énergie libérée ou nécessaire à la transformation est très faible, il n'y a donc pas de variation de masse notable.

Dans les réactions nucléaires, les énergies sont considérables et Δm devient mesurable.

3) Energie de cohésion par nucléon

Afin de comparer la stabilité des noyaux, il est préférable de raisonner en terme d'énergie de cohésion (liaison) par nucléons définie comme étant le rapport de l'énergie de cohésion du noyau (Ech) par le nombre de nucléons A. **Ech /A**

Est exprimé en mev/ nucléon. Plus le rapport Ech /A est grand, plus le noyau est stable.

Les noyaux les moins stables peuvent tendre vers un état plus stable grâce à des réactions nucléaires.

CHAPITRE II : LES MODÈLES CLASSIQUE DE L'ATOME

I. Modèle de Rutherford

1. Expérience de Marsden Geiger et Rutherford

En 1909, Marsden Geiger et Rutherford ont bombardé une feuille d'or d'environ 0,6 mm, placée dans une enceinte à vide, par un faisceau de particules α focalisées par deux diaphragmes D1 et D2.

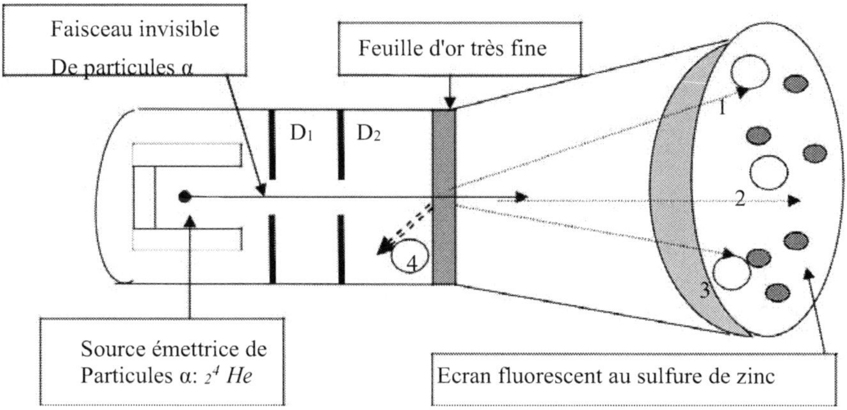

La grande majorité des particules traverse la feuille d'or sans être déviée. En effet, la tache observée sur l'écran fluorescent garde la même intensité avec ou sans feuille d'or. Certaines particules *α* (une sur 20 à 30000) subissent de grandes déviations (supérieures à 90 degrés) et sont donc renvoyées vers l'arrière.

L'avantage de ce modèle c'est qu'il ne fait appel qu'aux lois de la mécanique classique.

Etudions ce modèle dans le cas de l'atome d'hydrogène $_1$**H**

-l'électron de l'atome d'hydrogène est soumis à:

\+ Une force d'attraction coulombienne du noyau: $F_a = (1/4\ \pi\varepsilon_0)\ e^2 / r^2$ (1)

$Fr = mv2 / r$ (2)

\+ Une force de répulsion (force centrifuge) :

-Et la force centrifuge, colinéaire, de même force, mais opposée à la première :

Fa = Fr

Donc :

$$\frac{mv^2}{r} = \frac{1}{4\pi\varepsilon_0}\frac{qq'}{r^2}$$

$E_T = E_C + E_P$ avec Ec: Energie cinétique
Ep: Énergie potentielle

L'énergie de l'électron est donc fonction du rayon de sa trajectoire. Cette trajectoire est circulaire, il y a donc une accélération, cette accélération est d'ailleurs normale à la trajectoire.

2. Insuffisance du modèle de Rutherford

Les lois de l'électromagnétisme imposent que l'électron en mouvement doit perdre de l'énergie sous forme de rayonnement par conséquent il finira par s'écraser sur le noyau d'une part. D'autre part, la diminution continue de r implique la variation continue de la fréquence de rayonnement et un spectre d'émission de l'atome continu alors qu'il est **discontinu**.

II. Modélisation - Modèle de BOHR

Pour lever les contradictions précédentes, Bohr propose quatre hypothèses :

• Dans l'atome, le noyau est immobile alors que l'électron de masse m se déplace autour du noyau selon une orbite circulaire de rayon r.

• l'électron ne peut se trouver que sur des orbites privilégiées sans émettre de l'énergie ; on les appelle "orbites stationnaires".

• Lorsqu'un électron passe d'un niveau à un autre il émet ou absorbe de l'énergie :

$$\mathbf{\Delta E = h.\nu}$$

• Le moment cinétique de l'électron ne peut prendre que des valeurs entières (quantification du moment cinétique) : $\mathbf{mvr = n.h/2\pi}$

$$\boxed{\left\|\vec{L}\right\| = r \times m_e \times v = n\hbar}$$

Avec : n = 1, 2, 3...,

Me = masse de l'électron, v = vitesse de l'électron, r = rayon de l'orbite,

$\hbar = \dfrac{h}{2\pi}$ Constante de Planck modifiée = 1.0551x10-34 J.s ; n : entier naturel.

1. Calcul du rayon d'une orbite hydrogénoïde

Nous allons à partir de ces hypothèses calculer le rayon d'un hydrogénoïde dans son état fondamental = état de plus basse énergie.

Le système que nous étudions est constitué d'un noyau portant une charge élémentaire positive (+Ze) autour duquel gravite, sur une orbite circulaire de rayon r, un électron de charge élémentaire négative (-e). Voir schéma ci-dessous.

Dans un tel système les forces en présence sont les suivantes :

- La force gravitationnelle que l'on néglige.
- La force d'attraction électrostatique noyau-électron ou force de Coulomb F_e :

$$\left\|\vec{F}_e\right\| = \frac{1}{4\pi\varepsilon_0} \times \frac{Ze^2}{r^2}$$ où $\varepsilon_o = 8{,}854.10^{-12}$ unités SI

- La force centrifuge F_c : $\left\|\vec{F}_c\right\| = \left\|\vec{F}_e\right\|$

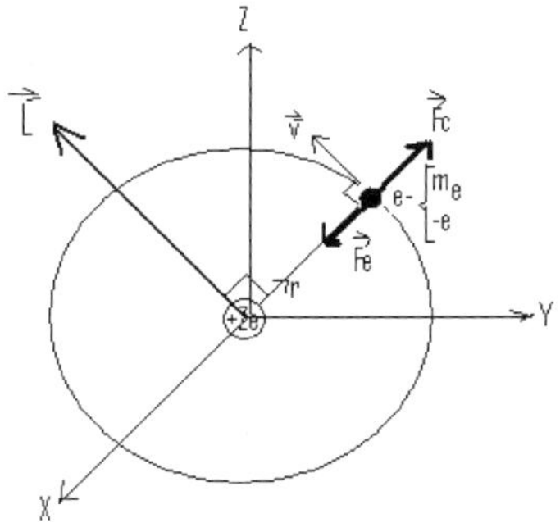

Appliquons à ce système la relation fondamentale de la dynamique : $\sum_i \vec{F}_i = m_e\vec{\gamma}$

Avec l'accélération $\vec{\gamma} = \vec{\gamma}_n + \vec{\gamma}_t$ (somme des accélérations normale et tangentielle).

Comme l'électron décrit un mouvement circulaire uniforme de rayon r à la vitesse v constante,

On a : $\left.\begin{array}{l} \left\|\vec{\gamma}_n\right\| = \dfrac{v^2}{r} \\ \left\|\vec{\gamma}_t\right\| = 0 \;\; ; v = cte \end{array}\right\} \Rightarrow \left\|\vec{\gamma}\right\| = \dfrac{v^2}{r}$ soit $\left\|\vec{F}_e\right\| = m_e \times \dfrac{v^2}{r} = \dfrac{1}{4\pi\varepsilon_0} \times \dfrac{Ze^2}{r^2}$

D'où $$m_e^2 v^2 = \frac{m_e}{4\pi\varepsilon_0} \times \frac{Ze^2}{r} \qquad (1)$$

Par ailleurs, l'hypothèse de Bohr : $\left\|\vec{L}\right\| = rm_e v = n\hbar$ conduit à $m_e^2 v^2 = \dfrac{n^2\hbar^2}{r^2}$ (2)

A partir de la relation (1)–(2), on obtient r : $\boxed{r_n = \dfrac{\varepsilon_0 h^2}{\pi m_e e^2} \times \dfrac{n^2}{Z}}$ (3)

Le rayon de l'orbite de Bohr est quantifié.

Pour n = 1 (état fondamental), qui définit l'orbite de plus basse énergie de l'atome d'hydrogène (Z=1) on peut calculer la valeur du rayon correspondant :

Soit $r_1 = a_0 = 5{,}2918.10^{-11}$ m où **<u>a₀ est appelé le rayon de l'atome de Bohr</u>**.

On constate que l'électron ne peut se trouver que sur une suite discontinue caractérisée par le nombre quantique **n** dont le rayon **r** est : **a_0, 4 a_0, 9 a_0, 16 a_0,..., n^2 a_0.**

2. Calcul de l'énergie électronique d'un hydrogénoïde

L'énergie totale du système considéré est la somme de l'énergie potentielle **Ep** et de l'énergie cinétique **Ec.**

Par analogie avec un système mécanique, on peut écrire l'énergie totale de l'électron d'un hydrogénoïde : $E = E_c + E_p$, où E_c est l'énergie cinétique de l'électron et E_p son énergie potentielle.

□ Energie cinétique : $E_c = \frac{1}{2} m_e v^2$ soit $Ec = \frac{1}{2} \times \frac{1}{4\pi\varepsilon_0} \times \frac{Ze^2}{r}$ (4)

□ Énergie potentielle : On a Ep=-W, ou W est le travail que produit la force électrostatique $\vec{F_c}$ pour amener l'électron de l'infini à la distance r du noyau

$$Ep = \int_{+\infty}^{r} \left\| \vec{F_c} \right\| dr = \frac{Ze^2}{4\pi\varepsilon_0} \int_{+\infty}^{r} \frac{dr}{r^2} = \frac{Ze^2}{4\pi\varepsilon_0} \left[-\frac{1}{r} \right]_{\infty}^{r}$$ ce qui donne $$Ep = -\frac{Ze^2}{4\pi\varepsilon_0} \times \frac{1}{r}$$ (5)

l'énergie électronique totale sera égale : $E = \frac{1}{2} \times \frac{1}{4\pi\varepsilon_0} \times \frac{Ze^2}{r} - \frac{1}{4\pi\varepsilon_0} \times \frac{Ze^2}{r}$ Soit $E = -\frac{1}{8\pi\varepsilon_0} \times \frac{Ze^2}{r}$

En portant $r_n = \frac{\varepsilon_0 h^2}{\pi m_e e^2} \times \frac{n^2}{Z}$ (équation 3), on obtient : $E_n = -\frac{m_e e^4}{8\varepsilon_0^2 h^2} \times \frac{Z^2}{n^2}$ Avec $n \in N^*$ (6)

L'énergie électronique totale de Bohr est quantifiée.

Cette relation est identique à la relation ($E_n = -\frac{E_0}{n^2}$) obtenue de manière empirique à partir des valeurs mesurées des fréquences des raies du spectre d'émission de l'atome d'hydrogène.

Par simple identification avec (6) on obtient : $E_0 = \frac{m_e e^4}{8\varepsilon_0^2 h^2}$ d'où $E_0 = 2.176 \times 10^{-18}\, Joules = 13.6eV$

Pour n = 1 : $En = E1 = -21{,}76.10^{-19}$ J = - 13,6 ev

C'est l'énergie de l'état fondamental de l'atome d'hydrogène.

D'où :

L'énergie totale d'un hydrogénoïde s'écrit donc : $E_n = -13.6 \times \frac{Z^2}{n^2}$ en (ev) électronvolts.

- Le signe moins signifie qu'il faut fournir du travail pour séparer l'électron de son noyau.
- l'énergie d'un électron hydrogénoïde dépend du nombre de protons (Z) et du numéro de la couche (n).

3. Absorption et émission d'énergie

Un électron ne peut absorber ou libérer de l'énergie càd rayonner qu'en passant d'un niveau (orbite) à un autre.

La quantité d'énergie absorbée ou émise est égale à la différence d'énergie entre les deux niveaux (relation de Planck) :

$$\Delta E = |Ef - Ei| = h\nu$$

Ef : état final Ei : état initial

H : constante de Planck ν : fréquence de radiation

Absorption : Lorsqu'un électron passe d'un niveau n (orbite de rayon rn) à un niveau p (p>n) supérieur (orbite de rayon rp), il absorbe une radiation de fréquence νn-p.

Emission : Lorsqu'un électron passe d'un niveau p à un niveau n (p > n), il émet une Radiation de fréquence νp-n.

III-Spectres des hydrogénoïdes – Modèle de BOHR

1. **Qu'est ce qu'un hydrogénoïde** ?

Un **hydrogénoïde** ou **atome hydrogénoïde** est un ion (des cations) monoatomique ne possédant qu'un seul électron. Il a alors une structure semblable à celle de l'atome d'hydrogène. C'est donc un atome auquel on a arraché tous les électrons sauf un.

$$ {}_{Z}^{A}X^{q+} \quad ; Z - q = 1 $$

Exemple : ${}_{1}^{1}H$; ${}_{1}^{2}H$; ${}_{2}^{4}He^{+}$; ${}_{3}^{7}Li^{2+}$: ${}_{4}^{9}Be^{3+}$

He (Z=2) -------> He+ (1e- et 2p)
Li (Z=3) -------> Li2+ (1e- et 3p)

He^{+} et Li^{2+} sont des ions hydrogénoïdes. Leurs énergie totale s'écrit :

$$ ET = Z^2/ n^2 . (-me^4 / 8\varepsilon 0^2h^2) $$

$$ ET = E_1 . Z^2/ n^2 $$

Avec E1= -13,6 ev , l'énergie de l'atome d'hydrogène à l'état fondamental.

2. Resultats experimentaux

Le rayon d'une orbite de rang n d'un ion hydrogénoïde est :

$$ R = n^2/Z . (\varepsilon_0 h^2 / \pi me^2) \text{ ou encore } r = r1 . N2/Z $$

Avec r1= 0,529 Å , étant le rayon de l'atome d'hydrogène à l'état fondamental.

$$ 1/\lambda = \sigma = (1/n^2 - 1/p^2) Z^2.me^4 / 8\varepsilon 0^2h^3c $$

$$ 1/\lambda = Z^2.RH (1/n^2 - 1/p^2) $$

La caractéristique essentielle de ces ions est d'avoir un spectre électromagnétique semblable à celui de l'hydrogène et interprétable dans le cadre du modèle de Bohr.

Insuffisance du modèle de Bohr

Une étude plus fine du spectre d'émission de l'atome d'hydrogène a montré que la plupart des raies correspondaient en fait à un ensemble de raies de λ très voisines. Ainsi en 1928, Paul Dirac montra que la raie rouge à 656 nm correspondait en fait à un doublet à 656, 272 et 656,285 nm.

La théorie classique de Bohr utilise arbitrairement le concept de la quantification. Elle ne considère que des orbites circulaires, définies par un nombre quantique n, qui sont incapables d'expliquer le dédoublement des raies spectrales observées lors de l'application d'un champ magnétique intense (effet Zeeman) ou d'un champ électrique intense (effet Starck) au tube émetteur contenant H_2.

CHAPITRE III : MODÈLE QUANTIQUE DE L'ATOME

I - Dualité onde – corpuscule / Onde associée de De Broglie

1. Relation de debroglie (1924)

• A la fin du 19ème siècle, on considérait la lumière comme purement ondulatoire.

• Au début du 20ème siècle, l'étude de nouveaux phénomènes, tel que le rayonnement du corps noir (Planck 1900) ou l'effet photoélectrique (Einstein 1905) conduisent à reconsidérer la nature de la lumière et à lui redonner le statut corpusculaire que Newton lui avait attribué originellement.

• Selon cette théorie la lumière est composée de particules appelées photons et transporte une énergie proportionnelle à sa fréquence ν:

$$E = h\nu \qquad (1)$$ h est la constante de Planck : $h=6.626\times10^{-34}$ J.s

• Notons que cette théorie corpusculaire contient tout de même une fréquence de nature typiquement ondulatoire.

• Le Photon doit obéir simultanément à une seconde loi postulée par Einstein :

$$E = mc^2 \qquad (2)$$ c : est la vitesse du photon dans le vide $c=3\times10^8$ m/s

(1) = (2) □ $h\nu = mc^2 \Rightarrow \nu = \frac{mc^2}{h}$

Or $\nu = \frac{c}{\lambda} \Rightarrow \lambda = \frac{h}{mc} = \frac{h}{p}$ (3)

λ – longueur d'onde	h = constante de Planck
M = masse de la particulev – vitesse de l'électron	

La lumière possède donc un double aspect : **ondulatoire** et corpusculaire

En 1924 **Louis de Broglie** (prix Nobel 1929) émet l'hypothèse que la dualité onde – corpuscule est une propriété générale de la physique et qu'à toute particule en mouvement est associé une onde dite "onde associée" de longueur d'onde λ :

$$\lambda = \frac{h}{p} = \frac{h}{mv} \qquad (4)$$

Où m, V: masse et vitesse de la particule.

2. Dualité « nature ondulatoire-corpusculaire » de la lumière

Un rayonnement a un caractère ondulatoire (expérience de diffraction / interférence). La lumière est donc une onde électromagnétique. Son rayonnement (λ), s'écrit

$$\lambda = ct$$

C = célérité de la lumière (en m/s).

T = durée (en s).

λ = rayonnement = longueur d'onde (en m).

Le nombre d'onde (γ) est l'inverse de la longueur d'onde :

$$\gamma = \lambda^{-1}$$

L'application directe de l'onde associée de debroglie conduit à la quantification du moment cinétique postulé par Bohr :

3. Equation de Schrödinger (1926)

L'équation de Schrödinger relative aux états stationnaires traduit la conservation de l'énergie du système :

$$\frac{-h^2}{2m}\left(\frac{\partial^2\psi}{\partial x^2}+\frac{\partial^2\psi}{\partial y^2}+\frac{\partial^2\psi}{\partial z^2}\right)+E_p\,\psi = E_t\,\psi$$

$$\left[\frac{\partial^2\Psi}{\partial x^2}+\frac{\partial^2\Psi}{\partial y^2}+\frac{\partial^2\Psi}{\partial z^2}\right]+\frac{8\pi^2 m_e}{h^2}(E-V)\times\Psi=0 \qquad (5)$$

(x, y, z) désignent les coordonnées cartésiennes de l'électron dans un repère lié au noyau supposé fixe à l'origine de ce repère. M_e est la masse de l'électron et h est la constante de Planck. $\Psi_{n,\,l,\,ml}$ est la fonction d'onde de De Broglie qui dépend des coordonnées (x, y, z). E est l'énergie totale de l'électron et V est l'énergie potentielle de la particule.

$$V = -\frac{Ze^2}{4\pi\varepsilon_0 r}$$

L'équation de Schrödinger s'écrit de façon condensée : $\hat{H}\Psi = E\Psi$

Ψ Est fonction propre de H et E est la valeur propre correspondante.

4. Densité de Probabilité de présence – Principe d'incertitude d'Heisenberg

La première information que l'on peut tirer de la fonction d'onde est la probabilité de présence de la particule :

<u>Principe d'incertitude ou inégalité d'Heisenberg</u>

Heisenberg affirme qu'il est impossible de connaître simultanément, avec une précision souhaitée, la position et la quantité de mouvement d'une particule élémentaire.

$$\Delta x.\Delta p_x \geq \frac{h}{2\pi}$$

Incertitude sur la position (Δx)

Incertitude sur la quantité de mouvement (Δp_x)

$$\Delta p_x = m\Delta v_x \Longrightarrow \qquad \Delta x.m\Delta v_x \geq \frac{h}{2\pi}$$

$h = 6.626\times10^{-34}$ J.s ; $\frac{h}{2\pi} \approx 10^{-34}\,J.s$

D'où $$m\Delta x.\Delta v_x \geq 10^{-34}$$

Ce principe donne une délimitation entre l'aspect corpusculaire et l'aspect ondulatoire.

5. Application au cas d'un hydrogénoïde et résultats.

Objet quantique : 1 électron de charge (-e) en interaction avec un noyau de Charge (+Ze). Le problème peut être résolu sans approximations.

La résolution de l'équation de Schrodinger : $\hat{H}\Psi = E\Psi$

1. Fait apparaître de manière naturelle les trois nombres quantiques ***n, l, m*** dans la fonction d'onde $\Psi_{n,l,m_l}(r,\theta,\varphi)$.

2. L'énergie totale obtenue est identique à celle trouvée par Bohr :

$$E_n = -\frac{m_e e^4}{8\varepsilon_0{}^2 h^2}\frac{Z^2}{n^2}$$

• Expressions des premières fonctions d'onde pour un hydrogénoïde :

Orbitale 1s: n = 1, l = 0 , m_l = 0 $\rightarrow$ $\Psi_{1,0,0}(r,\theta,\varphi)$

$$\Psi_{1,0,0}(r,\theta,\varphi) = \frac{1}{\sqrt{\pi}}\left(\frac{Z}{a_0}\right)^{3/2} \exp\left(-\frac{Zr}{a_0}\right)$$

Orbitale 2s: n=2, l=0, m_l=0 $\rightarrow$ $\Psi_{2,0,0}(r,\theta,\varphi)$

$$\Psi_{2,0,0}(r,\theta,\varphi) = \frac{1}{2\sqrt{2\pi}}\left(\frac{Z}{a_0}\right)^{3/2}\left(1-\frac{Zr}{2a_0}\right)\exp\left(-\frac{Zr}{2a_0}\right)$$

Les fonctions 1s et 2s ne font apparaître que la variable r, cela signifie pratiquement que leur partie angulaire est constante.

Orbitale $2p_z$: n=2, l=1, m_l=0 $\rightarrow$ $\Psi_{2,1,0}(r,\theta,\varphi) = \Psi_{2pz}(r,\theta,\varphi)$

$$\Psi_{2,1,0}(r,\theta,\varphi) = \frac{1}{2\sqrt{2\pi}}\left(\frac{Z}{a_0}\right)^{3/2}\left(\frac{Zr}{2a_0}\right)\exp\left(-\frac{Zr}{2a_0}\right)\cos\theta$$

Orbitales $2p_x$, $2p_y$: **n=2, l=1, m_l=±1** $\rightarrow$ $\Psi_{2,1,\pm1}(r,\theta,\varphi)$

$$\Psi_{2,1,\pm1}(r,\theta,\varphi) = \frac{1}{2\sqrt{2\pi}}\left(\frac{Z}{a_0}\right)^{3/2}\left(\frac{Zr}{2a_0}\right)\exp\left(-\frac{Zr}{2a_0}\right)\sin\theta\exp(\pm i\varphi)$$

Les fonctions $\Psi_{2,1,\pm1}(r,\theta,\varphi)$ sont des fonctions complexes. On peut former des fonctions réelles à partir de ces fonctions, car toute combinaison de fonctions propres est également fonction propre de H pour la même valeur propre En.

En utilisant : $\exp(\pm i\varphi) = \cos\varphi \pm i\sin\varphi$ et en faisant la combinaison linéaire de $\Psi_{2,1,+1}(r,\theta,\varphi)$ et $\Psi_{2,1,-1}(r,\theta,\varphi)$, on aboutit à l'expression des orbitales atomiques np_x et np_y.

$$\Psi_{2px}(r,\theta,\varphi) = \frac{1}{2\sqrt{2\pi}}\left(\frac{Z}{a_0}\right)^{3/2}\left(\frac{Zr}{2a_0}\right)\exp\left(-\frac{Zr}{2a_0}\right)\sin\theta\cos\varphi$$

$$\Psi_{2p_y}(r,\theta,\varphi) = \frac{1}{2\sqrt{2\pi}}\left(\frac{Z}{a_0}\right)^{3/2}\left(\frac{Zr}{2a_0}\right)\exp\left(-\frac{Zr}{2a_0}\right)\sin\theta\sin\varphi$$

• Représentation géométrique des orbitales hydrogénoïdes

Si les fonctions d'onde $\Psi_{n,\ell,m\ell}(r,\theta,\varphi)$ n'ont pas de signification physique par elles même, leur carré représente la probabilité de présence de l'électron. Il est donc possible de calculer la probabilité de présence de l'électron en un point donné a partir de l'expression de la fonction d'onde.

$$P = \iiint_V \Psi^* \times \Psi dv = \iiint_V |\Psi|^2 dv$$

Il est donc possible de limiter la zone de l'espace de cette probabilité de présence.

On appellera orbitale atomique, le volume dans lequel cette probabilité de présence de l'électron a une valeur préalablement fixée (> 95 % par exemple).

Chaque type d'orbitale aura une forme géométrique bien définie.

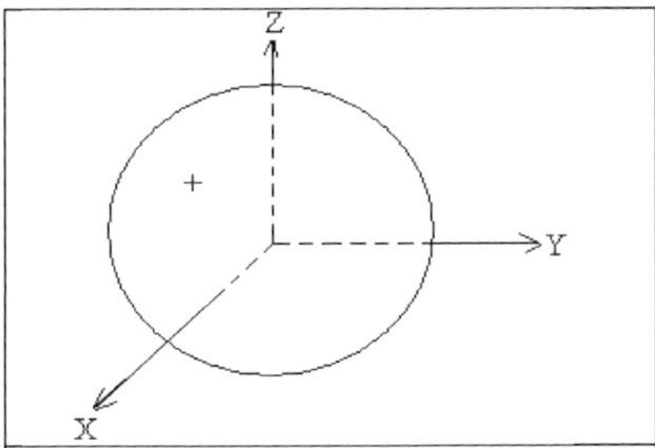	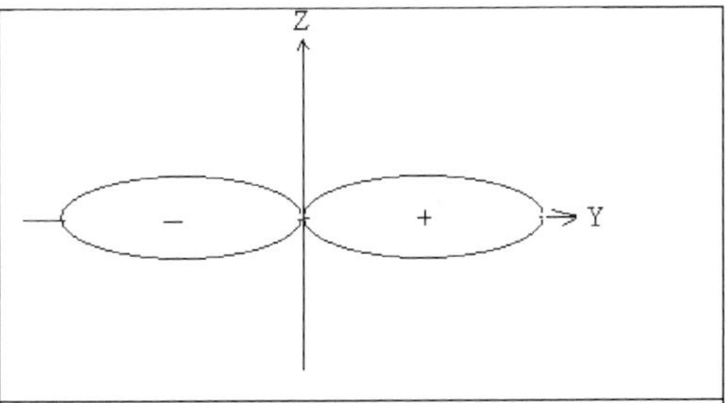
Ns	Np_y : plan nodal □(xoz)
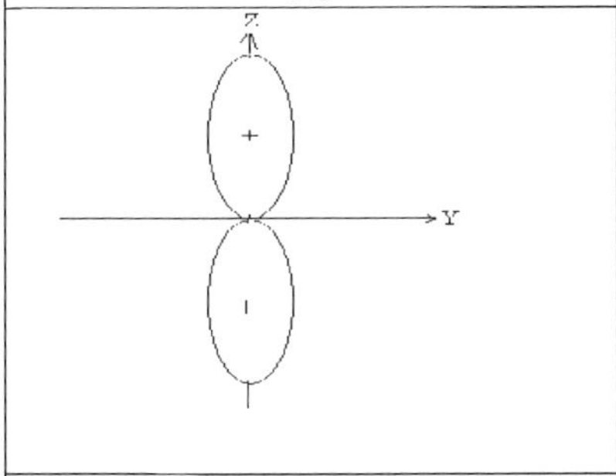	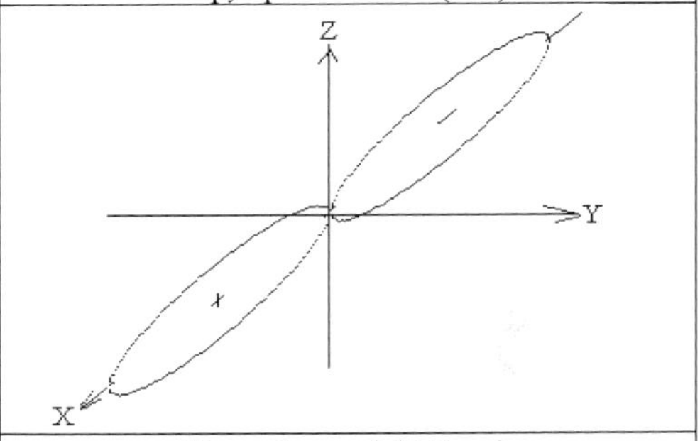
Np_z plan nodal □(xoy)	Np_x : plan nodal □(yoz)

II.- Atomes à plusieurs électrons

Introduction

Pour décrire le cortège électronique des atomes pluri-électronique, on fait appel aux modèles quantiques qui consistent à résoudre l'équation de Schrodinger d'un système formé de plusieurs particules en mouvement autour du noyau. L'hamiltonien du système prendra en considération l'énergie cinétique de tous les électrons, les interactions attractives (électrons – noyau) et les répulsions (électron – électron). Au lieu de résoudre une équation à n particules on est amené à résoudre n équations dépendantes. La résolution de ces équations a permis de calculer les fonctions d'onde monoélectroniques $\Psi_{n,\ l,\ ml}$ et les énergies $E_{n,\ l}$ correspondantes qui dépendent de n et de l. La figure suivante montre les niveaux d'énergies des orbitales atomiques d'un hydrogénoïde et d'un atome pluriélectronique.

Atome à un électron   Atome à plusieurs électrons

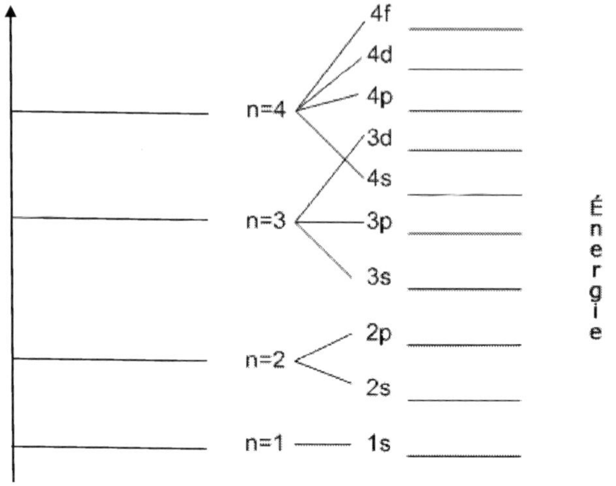

La répulsion bi-électronique lève la dégénérescence des niveaux d'énergie dans un atome à plusieurs électrons

A priori, La fonction d'onde totale d'un atome à Z électrons s'écrit comme étant le produit de fonctions d'onde monoélectroniques :

$$\Phi = \prod_{i=1}^{Z} (\Psi_{n,\ell,m\ell})_i = (1s)\times(1s)\times(2s)\times(2s)\times(2p_x)\times(2p_x)\times\ldots\ldots\ldots$$

Les chimistes ont l'habitude d'écrire ce produit sous la forme simple qu'ils appellent configuration ou structure électronique :

$$1s^2 2s^2 2p^6 \ldots\ldots\ldots$$

Où la somme des exposants est égale au nombre d'électrons de l'édifice atomique.

A priori, le traitement quantique de tous les éléments chimiques a été effectué. Les structures électroniques sont bien connues. Par conséquent des principes et règles ont été élaborés pour reconstituer le cortège électronique des édifices atomiques.

Les paragraphes suivants ont pour objet de définir ces règles. Des notions fondamentales très utiles à l'étude des propriétés atomiques y seront également présentées.

1. Notions de couche, sous couche, case quantique et nombre de spin

Pour aborder la structure électronique des atomes à plusieurs électrons, on utilise souvent le modèle en couches concentriques :

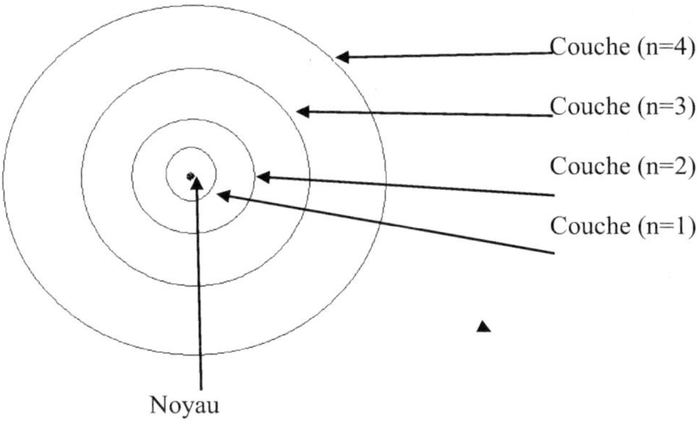

• Ce modèle simple consiste à considérer le cortège électronique des atomes à plusieurs électrons comme étant formée de couches concentriques caractérisées chacune par un nombre quantique n.

• Chaque couche est elle-même constituée de plusieurs sous couches caractérisées chacune par un nombre quantique secondaire ou azimutal l.

• Et Chaque sous couche contient plusieurs cases quantiques caractérisées par un nombre quantique magnétique m_s.

A) Couche □ Nombre quantique principal : n

Ce premier nombre quantique provient directement du modèle de Bohr

Il s'agit d'un nombre entier non nul :

$$n \in N^*$$

C'est aussi un paramètre clé dans la résolution de l'équation de Schrödinger des systèmes à un seul électron.

Ce nombre caractérise le niveau occupé par l'électron, ou la couche qu'il occupe.

La couche électronique est parfois indiquée par une lettre majuscule au lieu de la valeur numérique de n.

Valeur de n	1	2	3	4	5	6	7	8
Symbole de la couche	K	L	M	N	O	P	Q	R

Les Z électrons de l'atome se distribuent sur plusieurs couches consécutives par ordre croissant de n.

B) Sous couche □ Nombre quantique secondaire ou azimutal l

Ce deuxième nombre quantique caractérise la sous-couche occupée par l'électron. Sa valeur est fonction de celle de n :

$$0 \leq l \leq n - 1$$

Soit n valeurs différentes de l

La sous-couche électronique est généralement désignée par une lettre minuscule au lieu de la valeur numérique de l.

valeur numérique de l et la sous-couche électronique

Valeur de l	0	1	2	3	4	5
Symbole de la sous couche	S	P	D	F	G	H

S, p, d et f désignenet respectivement les initiales des termes spectroscopiques **s**harp, **p**rincipal, diffuse et **f**ondamental.

C) Case quantique □ Nombre quantique magnétique m_l

Ce troisième nombre quantique caractérise la case quantique occupée par l'électron. Sa valeur est fonction de celle du nombre quantique secondaire l

$$-l \leq m \leq +l$$

(soit **2l + 1 valeurs différentes)**

Ce nombre quantique se schématise par un carreau. On représentera autant de carreaux qu'il y a de valeurs possibles de m_l

Exemple :

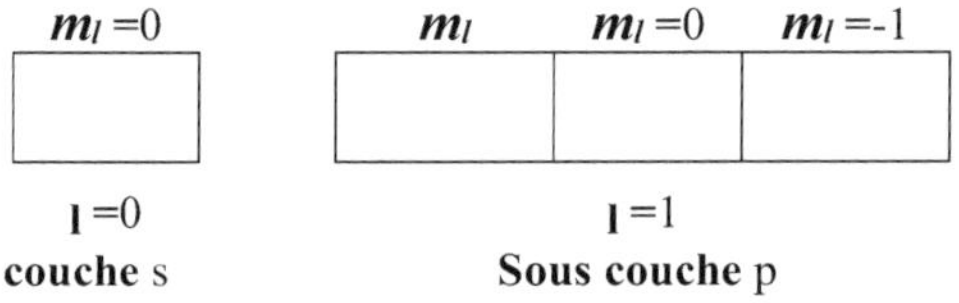

D) Nombre quantique magnétique de spin : m_s

Ce quatrième nombre quantique caractérise le mouvement de l'électron sur lui-même et peut prendre seulement deux valeurs différentes :

$$-s \leq m_s \leq +s$$

Où s est le nombre quantique de spin s=1/2

Pour symboliser graphiquement ce nombre quantique de spin, on utilise :

- une flèche vers le haut (↑) pour m_s = **+1/2**

- ou vers le bas (↓) pour m_s=**-1/2.**

L'électron de spin + 1/2 (↑ **) peut se mettre** soit à gauche et l'électron de spin -1/2 (↓) à droite ou vis versa.

↑↓ □ ↓↑

• La position d'un électron est donc entièrement décrite par le jeu de quatre nombres quantiques : (n,l , m_l, m_s).

Couche (n) / sous-couche (l) / case quantique (m_l)/ spin (m_s)

• (n, l , m_l) caractérisent la fonction d'onde d'espace et (m_s) caractérise la fonction d'onde de spin.

2. Principe d'exclusion de Pauli

Deux électrons du même atome ne peuvent avoir leurs quatre nombres quantiques identiques. S'ils ont les mêmes (n, l , ml), ils diffèrent par ms.

□

Conséquences

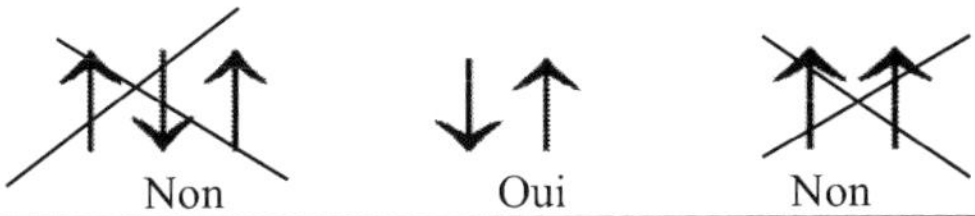

Non Oui Non

Dans une même orbitale atomique (case quantique) on ne peut placer que deux électrons au maximum avec leur nombre quantique de spin opposés.

Combien d'électrons, une couche peut contenir au maximum ?

Couche K □ n=1

$$n=1 \qquad 0 \leq \ell \leq n-1 \quad \Rightarrow \ell = 0$$ **Une sous couche s**

$$\ell = 0 \qquad -\ell \leq m_\ell \leq +\ell \ \Rightarrow m_\ell = 0$$ Une case quantique

Cette première couche contient une seule sous couche 1s et cette sous couche contient aussi une seule case quantique.

$\downarrow\uparrow$ **2e- au maximum**

1s

Couche L □ n=2

$$n = 2 \qquad 0 \leq \ell \leq n-1 \quad \Rightarrow \begin{cases} \ell = 0 & sous \quad couche \quad 2s \\ \ell = 1 & sous - couche \quad 2p \end{cases}$$

$$\ell = 0 \qquad -\ell \leq m_\ell \leq +\ell \Rightarrow m_\ell = 0 \Rightarrow \ 1 case \qquad 2e^- \max imum$$

$$\ell = 1 \qquad -\ell \leq m_\ell \leq +\ell \Rightarrow m_\ell = 0, \pm 1 \Rightarrow 3 \ cases \qquad 6e^- \max imum$$

Cette première couche contient une seule sous couche 1s et cette sous couche contient aussi une seule case quantique.

m_l =0		m_l =+1	m_l =0	m_l =-1
$\downarrow\uparrow$		$\downarrow\uparrow$	$\downarrow\uparrow$	$\downarrow\uparrow$
2s			**2p**	

8e- au maximum

Généralisation

Le nombre d'électrons maximal que peut contenir une couche donnée est :

$$2n^2$$

Nombre d'électrons par case nombre de cases quantiques (n^2)

Sous couches et le nombre de cases quantiques

Valeur de l	0	1	2	3	4	5
Sous couche	S	P	D	F	G	H
Nombre de cases quantiques= **2l + 1**	1	3	5	7	9	11
Nombre maximal d'électrons	2	6	10	14	18	22

3. Configuration électronique des éléments

Etablir la configuration électronique (on dit aussi structure électronique) d'un élément consiste à répartir les électrons de celui-ci, c'est-à-dire donner à chaque électron de l'atome un "code" : couche/sous-couche/case/spin,

Ou plus exactement, déterminer pour chaque électron les valeurs de ses quatre nombres quantiques.

Les électrons vont remplir successivement les différentes couches et sous couches selon la règle de Klechkowski.

3-1. Règle de KLECHKOWSKI

L'ordre de remplissage des diverses couches et sous-couches se fait par valeurs croissantes du couple (n + l).

Si deux ou plusieurs couples (n + l) donnent la même somme, ils seront classés par ordre de n croissant.

Ceci est la conséquence du traitement quantique : l'énergie d'une orbitale atomique dans un atome à plusieurs électrons est fonction de n et l.

Ordre de remplissage des sous couches d'après Klechkowski

Sous couche	**N**	l	**N + l**	**L'ordre**
1s	1	0	1	1
2s	2	0	2	2
2p	2	1	3	3
3s	3	0	3	4
3p	3	1	4	5
4s	4	0	4	6
3d	**3**	2	**5**	7
4p	**4**	1	**5**	8
5s	**5**	0	**5**	9
4d	**4**	2	**6**	10
5p	**5**	1	**6**	11
6s	**6**	0	**6**	12
4f	**4**	3	**7**	13
5d	**5**	2	**7**	14
6p	**3**	1	**7**	15
7s	**7**	0	**7**	16
5f	5	3	8	17
6d	6	2	8	18
7p	7	1	8	19

8s	8	0	8	20

Une autre façon plus simple et pratique à utiliser pour se rappeler de cet ordre :

On écrit les couches et sous couches dans un tableau où Chaque ligne correspond à une valeur de n. Le remplissage se fait selon les diagonales.

□

Couche	Sous couches				
K	1s				
L	2s	2p			
M	3s	3p	3d		
N	4s	4p	4d	4f	
O	5s	5p	5d	5f	5g
P	6s	6p	6d	6f	6g
Q	7s	7p	7d	7f	7g
R	8s	8p	8d	8f	8g

3-2. Exemple d'Applications :

Dans la très grande majorité des cas, il suffit de suivre la règle de KLECHKOWSKI pour obtenir la configuration ou structure électronique d'un élément chimique.

Il existe toutefois des exceptions (voir exceptions à la règle de KLECHKOWSKI).

Exemple : Soit à établir la configuration de l'élément Br(Z=35).

Il est nécessaire de suivre les étapes suivantes :

Étape 1 : Règle de KLECHKOWSKI □ $1s^2 2s^2 2p^6 3s^2 3p^6 4s^2 3d^{10} 4p^5$

Étape 2 : Remettre les différentes couches et sous couches dans leur ordre naturel par valeur croissante de n □ $1s^2 2s^2 2p^6 3s^2 3p^6 3d^{10} 4s^2 4p^5$

Étape 3 (facultative) Forme simplifiée □ K^2, L^8, M^{18}, N^7

3-3. Configuration électronique simplifiée

La configuration électronique d'un élément constitue une description complète du cortège électronique de celui-ci. Toutefois, il n'est pas nécessaire de l'écrire entièrement. Définitions des couches de cœur et couche de valence

- **Définitions des couches de cœur et couche de valence**

Pour définir ces notions, on prend par exemple l'élément P(Z=15).

Sa configuration électronique selon KLECHKOWSKI est :

$$1s^2 2s^2 2p^6 3s^2 3p^5$$

Représentation schématique de l'atome en couches concentriques :

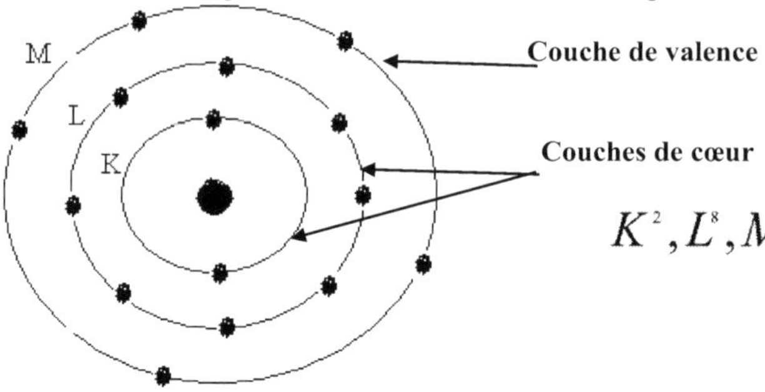

$$K^2, L^8, M^5$$

Les trois couches occupées par des électrons n'ont pas la même implication dans les propriétés physico-chimiques de l'atome.

C'est la dernière couche occupée qui fixe les propriétés chimiques de l'atome. Cette couche est nommée la couche de valence de l'atome. Les autres couches plus internes sont appelées des couches de cœur.

Exemple d'implication des électrons de valence dans les propriétés de l'atome :

Réaction d'ionisation de l'atome de phosphore :

$$P \text{ --------------> } P^+ + 1e^-$$

$$1s^2 2s^2 2p^6 3s^2 3p^5 \quad 1s^2 2s^2 2p^6 3s^2 3p^4 + 1e-$$

C'est l'électron de la dernière couche qui est arraché.

➢ Mise en évidence de la couche de valence

• Pour simplifier l'écriture de la configuration électronique et mettre en évidence la couche de valence on va utiliser les structures électroniques des gaz rares ou inertes. Ces atomes présentent la particularité d'être très chimiquement stables. Ils vont jouer le rôle des couches de cœur dans la configuration simplifiée.

Ci-après le nom, symbole chimique et numéro atomique de ces édifices chimiques :

Gaz	Symbole	Z	Couches occupées
Hélium	He	2	K^2
Néon	Ne	10	K^2, L^8
Argon	Ar	18	K^2, L^8, M^8
Krypton	Kr	36	K^2, L^8, M^{18}, N^8
Xénon	Xe	54	$K^2, L^8, M^{18}, N^{18}, O^8$
Radon	Rn	86	$K^2, L^8, M^{18}, N^{32}, O^{18}, P^8$

• Pratiquement, pour décrire rapidement la configuration électronique d'un élément quelconque sans avoir à écrire toutes les couches et sous-couches internes, on va écrire cette configuration sous la forme condensée :

[Configuration du gaz rare] [Couches externes]

Le gaz rare sera celui dont le numéro atomique est le plus proche possible du numéro atomique Z de l'élément considéré tout en lui restant inférieur :

Pour $2 < Z < 10$ on utilise [He] ; Pour $10 < Z < 18$ on utilise [Ne]

Pour $18 < Z < 36$ on utilise [Ar] ; pour $36 < Z < 54$ on utilise [Kr]

Pour $54 < Z < 86$ on utilise [Xe] : pour $Z > 86$ on utilise [Rn]

Exemples : Z=35 > 18 on pose 35-18=17

KLECHKOWSKI □ $1s^2 2s^2 2p^6 3s^2 3p^6 4s^2 3d^{10} 4p^5$

Configuration simplifiée : $[Ar]3d^{10}4s^2 4p^5$

Z=88 > 86 □ on pose 88-86=2 d'où la configuration $[Rd]7s^2$

• La configuration simplifiée a permis de définir nettement la couche de valence :

C'est normalement la couche la plus externe occupée par des électrons dont n est le plus élevé. Toutefois, si une sous-couche interne n'est pas totalement remplie, on considéra cette sous-couche comme faisant partie de la couche de valence.

Exemples

Br(Z=35) : on pose 35-18=17 □ $[Ar]4s^2 3d^{10} 4p^5$

$[Ar]3d^{10}\underline{4s^2 4p^5}$ $\quad 4s^2 4p^5 : n = 4 \Rightarrow$ Couche de valence

$3d^{10}$: Sous - couche complète $\Rightarrow$ couche de cœur

Fe(Z=26) : on pose 26-18=8 □ $[Ar]4s^2 3d^6$

$[Ar]\underline{3d^6 4s^2}$ $\quad 4s^2 : n = 4 \Rightarrow$ Couche de valence

$3d^6$: Sous - couche incomplète $\Rightarrow$ couche de valence

3-4. Schéma de Lewis atomique

Le schéma de Lewis atomique précise la nature de la couche de valence des atomes. On représente simplement la couche de valence sous forme de schéma figurant les diverses cases quantiques de celle-ci et leur occupation ou non par des électrons.

Exemple : C(Z=6) : 6-2=4 □ $[He]2s^2 2p^2$

[He]	↓↑	↑	↑	
	$2s^2$		$2p^2$	

Ce schéma est très utile pour prévoir ou décrire simplement certaines propriétés atomiques

3-5. Etat Fondamental et État Excité - La Règle de Hund

Le remplissage des sous-couches incomplètes peut parfois se faire de plusieurs manières différentes.

Exemple : C(Z=6) : 6-2=4 □ $[He]2s^2 2p^2$

Parmi les états ci-après, lequel est le plus stable ?

$[He]$	↓↑	↑	↑		Etat (1)
$[He]$	↓↑	↑	↓		Etat (2)
$[He]$	↓↑	↑↓			Etat (3)

La règle de Hund, permet de choisir entre ce divers remplissage.

Quel est celui qui correspond à l'énergie la plus basse c'est-à- dire à **l'état fondamental** de l'atome étudié. Les autres états seront alors **des états excités.**

Règle de Hund : On commence par mettre un électron dans chaque case quantique d'une sous-couche avant de faire des paires d'électrons. Le nombre d'électrons célibataires et à spins parallèles est ainsi maximal

Il n'existera de paires d'électrons que si le nombre d'électrons présents dans la sous-couche est supérieur aux nombre de cases quantiques qui la composent.

L'état (1) est l'état fondamental = état de plus basse énergie, Les états (2) et (3) sont des états excités = états moins stables que l'état (1)

□ Une façon simple à utiliser pour déterminer l'état fondamental :

3. On écrit la configuration électronique simplifiée en utilisant le schéma de Lewis.

4. On détermine la multiplicité de spin des états : $M_s = 2S + 1$

Où S est le spin total de l'état : $S = \sum_{i=1} (m_s)_i$ avec $m_{si} = +1/2$ ou $-1/2$

L'état fondamental est l'état de multiplicité de spin maximale.

Application :

Etat (1) : $\begin{cases} S = +1/2 - 1/2 + 1/2 + 1/2 = 1 \\ M_s = 2 \times 1 + 1 = 3 \end{cases}$ □ Etat fondamental

Etat (2) : $\begin{cases} S = +1/2 - 1/2 + 1/2 - 1/2 = 0 \\ M_s = 2 \times 0 + 1 = 1 \end{cases}$ □ Etat excité

Etat (3) : $\begin{cases} S = +1/2 - 1/2 + 1/2 - 1/2 = 0 \\ M_s = 2 \times 0 + 1 = 1 \end{cases}$ □ Etat excité

3-6. Exceptions à la règle de KLECHKOWSKI

Certaines configurations échappent à la règle de KLECHKOWSKI et obéissent à la règle suivante : Une sous-couche totalement remplie ou à 1/2 remplie confère une plus grande stabilité aux atomes. Cette règle s'applique particulièrement aux configurations du type d^4 s^2 (Cr, Mo) et d^9 s^2 (Cu, Ag et Au) qui se transformeront respectivement en d^5 s^1 et d^{10} s^1. On peut considérer qu'un électron de la sous-couche s saute sur la sous-couche d pour la compléter à 5 ou 10 électrons.

CHAPITRE IV : CLASSIFICATION PERIODIQUE DES ELEMENTS

Introduction

•En 1869 Dmitri MENDELEÏEV a classé lés éléments chimiques par ordre de masses atomiques. Il déclara que les éléments chimiques pouvaient être arrangés selon un modèle qui permettait de prévoir les propriétés des éléments non encore découverts.

• Les éléments prévus par Mendeleïev furent découverts par la suite et ils présentaient bien les propriétés prévues.

I. Classification périodique actuelle

1. Critères de_classement

1. Ordre croissant de Z,
2. Configuration électronique respectant la règle de Klechkowski,
3. Structure électronique de la couche de valence

□

La place d'un élément dans la classification est donc directement reliée à sa Configuration électronique.

2. Principe de construction

I)A une valeur n de la couche de valence correspond une ligne □Période

Ii)Rangement des éléments ayant une même couche de valence, donc des propriétés chimiques identiques,dans une même colonne□Groupe

Iii) Etablissement de la configuration électronique selon la règle de Klechkowski.

Iv) Une ligne débute toujours avec une sous couche s et s'achève avec une

Sous couche p.

Couche	Sous couches				
K	1s				
L	2s	2p			
M	3s	3p	3d		
N	4s	4p	4d	4f	
O	5s	5p	5d	5f	5g
P	6s	6p	6d	6f	6g
Q	7s	7p	7d	7f	7g
R	8s	8p	8d	8f	8g

En effet :

La première ligne correspond au remplissage de la couche K (n = 1) de configuration 1s2-x(x=1, 0) et contient donc 2 éléments de configurations :

$$1s^1 \text{et } 1s^2$$

La deuxième ligne ou période correspond au remplissage de la couche L (n=2) de configuration $2s^{2-x}$ $2p^{6-y}$ (x=1, 0 ; y=6, 5, 4, 3, 2, 1, 0) et contient donc

8 éléments de configurations qui finissent respectivement avec 2s1, 2s2, 2p1, 2p2, 2p3, 2p4, 2p5et 2p6.

•La troisième ligne correspondant au remplissage de la couche M (n=3)(x=1, 0 ; y=6, 5, 4, 3, 2, 1, 0 et z=10, 9, 8, 7, 6, 5, 4, 3, 2, 1, 0) devrait donc contenir 18 éléments au total.

•Mais d'après Klechkowski, le niveau 3d se remplit après le niveau 4s.

Pour cette raison **le niveau 3d fera partie de la quatrième** ligne et non de la troisième.

□

La troisième ligne aura finalement comme configuration : $3s^{2-x}$ $3p^{6-y}$ (x=1, 0 ; y=6, 5, 4, 3, 2, 1, 0) et contiendra donc 8 éléments de configurations qui finissent respectivement avec $3s^1$, $3s^2$, $3p^1$, $3p^2$, $3p^3$, $3p^4$, $3p^5$et $3p^6$.

•La quatrième ligne correspondant au remplissage de la couche N (n=4) de configuration $4s^{2-x}$ $4p^{6-y}$ $4d^{10-z}4f^{14-w}$ (x=1, 0 ; y=6, 5, 4, 3, 2, 1, 0 et z=10, 9, 8, 7, 6, 5, 4, 3, 2, 1, 0 ; w=14, 13, 12, 11, 10, 9, 8, 7, 6, 5, 4, 3, 2, 1, 0) devrait donc contenir 32 éléments au total.

•Mais d'après Klechkowski, le niveau 4d se remplit après le niveau 5s. Le niveau 4d fera donc partie de la cinquième ligne et non de la quatrième.De même, le niveau 4f se remplit après le niveau 6s. Il fera donc partie de la sixième ligne et non de la quatrième.

□

La quatrième ligne aura finalement comme configuration : $\mathbf{4s^{2-x}3d^{10-z}3p^{6-y}}$ (x=1, 0 ; y=6, 5, 4, 3, 2, 1, 0 ; z=10, 9, 8, 7, 6, 5, 4, 3, 2, 1, 0) et contiendra donc 18 éléments de configurations qui finissent respectivement avec $4s^1$, $4s^2$, $3d^1$, $3d^2$, $3d^3$, $3d^4$, $3d^5 3d^6$,$3d^7$, $3d^8$, $3d^9$, $3d^{10}$ $4p^1$, $4p^2$, $4p^3$, $4p^4$, $4p^5$et $4p^6$.

• La cinquième ligne correspondant au remplissage de la couche O (n=5) de configuration $5s^{2-x}$ $5p^{6-y}$ $5d^{10-z}5f^{14-w}5g^{18-v}$ (x=1, 0 ; y=6, 5, 4, 3, 2, 1, 0 et z=10, 9, 8, 7, 6, 5, 4, 3, 2, 1, 0 ; w=14, 13, 12, 11, 10, 9, 8, 7, 6, 5, 4, 3, 2, 1, 0 ;

V=18, 17, 16, 15, 14, 13, 12, 11, 10, 9, 8, 7, 6, 5, 4, 3, 2, 1, 0) soit 50 éléments

Au total.

•Actuellement, les niveaux 5g ne sont utilisés par aucun élément. Par la suite, on n'en tiendra pas compte. $5g^{18-v}$

•D'après Klechkowski, le niveau 5d se remplit après le niveau 6s, il fera donc partie de la sixième ligne et non de la cinquième.

• De même, le niveau 5f se remplit après le niveau 7s, il fera donc partie de la septième ligne et non de la cinquième.

La cinquième ligne aura finalement comme configuration : $\mathbf{5s^{2-x}}$ $\mathbf{4d^{10-z}}$ $\mathbf{5p^{6-y}}$ (x=1, 0 ; y=6, 5, 4, 3, 2, 1, 0 ; z=10, 9, 8, 7, 6, 5, 4, 3, 2, 1, 0) et contiendra donc 32 éléments de configurations qui finissent respectivement avec $5s^1$, $5s^2$, $4d^1$, $4d^2$, $4d^3$, $4d^4$, $4d^5$, $4d^6$,$4d^7$, $4d^8$, $4d^9$, $4d^{10}$,$5p^1$, $5p^2$, $5p^3$, $5p^4$, $5p^5$et $5p^6$.

Avec la même démarche on montre que :

La sixième ligne aura comme configuration : $\mathbf{6s^{2-x}4f^{14-w}\ 5d^{10-z}6p^{6-y}}$ (x=1, 0 ; y=6, 5, 4, 3, 2, 1, 0 ; z=10, 9, 8, 7, 6, 5, 4, 3, 2, 1, 0 ; w=14, 13, 12, 11, 10, 9, 8, 7, 6, 5, 4, 3, 2, 1, 0) et contiendra donc 32 éléments de configurations qui finissent respectivement avec $6s^1$, $6s^2$, $4f^1$, $4f^2$, $4f^3$, $4f^4$, $4f^5$, $4f^6$,$4f^7$, $4f^8$, $4f^9$, $4f^{10}$, $4f^{11}$, $4f^{12}$, $4f^{13}$, $4f^{14}$,$5d^1$, $5d^2$, $5d^3$, $5d^4$, $5d^5$, $5d^6$,$5d^7$, $5d^8$, $5d^9$, $5d^{10}$,$6p^1$, $6p^2$, $6p^3$, $6p^4$, $6p^5$et $6p^6$.

La septième ligne aura comme configuration : $\mathbf{7s^{2-x}5f^{14-w}\ 6d^{10-z}7p^{6-y}}$ (x=1, 0 ; y=6, 5, 4, 3, 2, 1, 0 ; z=10, 9, 8, 7, 6, 5, 4, 3, 2, 1, 0 ; w=14, 13, 12, 11, 10, 9, 8, 7, 6, 5, 4, 3, 2, 1, 0) et contiendra donc 32 éléments de configurations qui finissent respectivement avec $7s^1$, $7s^2$, $5f^1$, $5f^2$, $5f^3$, $5f^4$, $5f^5$, $5f^6$,$5f^7$, $5f^8$, $5f^9$, $5f^{10}$, $5f^{11}$, $5f^{12}$, $5f^{13}$, $5f^{14}$,$6d^1$, $6d^2$, $6d^3$, $6d^4$, $6d^5$, $6d^6$,$6d^7$, $6d^8$, $6d^9$, $6d^{10}$,$7p^1$, $7p^2$, $7p^3$, $7p^4$, $7p^5$et $7p^6$.

La table ci-dessous montre l'architecture de classification des éléments :

1	2	3	4	5	6	7	8	9	10	11	12	13	14	15	16	17	18
$1s^1$	$1s^2$																
$2s^1$	$2s^2$											$2p^1$	$2p^2$	$2p^3$	$2p^4$	$2p^5$	$2p^6$
$3s^1$	$3s^2$											$3p^1$	$3p^2$	$3p^3$	$3p^4$	$3p^5$	$3p^6$
$4s^1$	$4s^2$	$3d^1$	$3d^2$	$3d^3$	$3d^4$	$3d^5$	$3d^6$	$3d^7$	$3d^8$	$3d^9$	$3d^{10}$	$4p^1$	$4p^2$	$4p^3$	$4p^4$	$4p^5$	$4p^6$
$5s^1$	$5s^2$	$4p^1$	$4p^2$	$4p^3$	$4p^4$	$4p^5$	$4p^6$	$4p^7$	$4p^8$	$4p^9$	$4p^{10}$	$5p^1$	$5p^2$	$5p^3$	$5p^4$	$5p^5$	$5p^6$
$6s^1$	$6s^2$	$5d^1$*	$5d^2$	$5d^3$	$5d^4$	$5d^5$	$5d^6$	$5d^7$	$5d^8$	$5d^9$	$5d^{10}$	$6p^1$	$6p^2$	$6p^3$	$6p^4$	$6p^5$	$6p^6$
$7s^1$	$7s^2$	$3d^1$**	$3d^2$	$3d^3$	$3d^4$	$3d^5$	$3d^6$	$3d^7$	$3d^8$	$3d^9$	$3d^{10}$	$7p^1$	$7p^2$	$7p^3$	$7p^4$	$7p^5$	$7p^6$
		*	$4f^1$	$4f^2$	$4f^3$	$4f^4$	$4f^5$	$4f^6$	$4f^7$	$4f^8$	$4f^9$	$4f^{10}$	$4f^{11}$	$4f^{12}$	$4f^{13}$	$4f^{14}$	
		**	$5f^1$	$5f^2$	$5f^3$	$5f^4$	$5f^5$	$5f^6$	$5f^7$	$5f^8$	$5f^9$	$5f^{10}$	$4f^{11}$	$4f^{12}$	$4f^{13}$	$4f^{14}$	

Remarques :

Les sous couches f s'intercalent entre la colonne 3 et la colonne 4. Pour des raisons de commodité, les éléments correspondants sont placés en bas et à droite de la table périodique.

3. Exceptions à la règle de Klechkowski :

- **les configuration de type** s^2d^4 et s^2d^9□l'élément garde sa place normale.

Exemple : Cu, Ag, Auont s^2d^9 d'après Klechkowski mais la configuration réelle est s^1d^{10}, ils restent tout de même en colonne 11 et ne passent pas en colonne 12.

- **Bloc f** : un électron d est placé avant que les électrons f n'apparaissent

Numérotation des groupes

Il y a 3 manières de numéroter les groupes dans le tableau périodique. Une utilisant les chiffres arabes, et deux autres utilisant les chiffres romains.

Les numérotations par chiffres romains est la manière historique de nommer les groupes. L'utilisation des chiffres arabes est maintenant recommandée par l'Union internationale de chimie pure et appliquée (IUPAC) pour remplacer la vieille numérotation.

Le tableau ci-dessous regroupe les 3 systèmes de numérotations

	Système de numérotation des groupes		
	UIPAC Actuel	UIPAC vieille	CAS
Groupe	1	IA	IA
Groupe	2	IIA	IIA
Groupe	3	IIIA	IIIB
Groupe	4	IVA	IVB
Groupe	5	VA	VB
Groupe	6	VIA	VIB
Groupe	7	VIIA	VIIB
Groupe	8	VIIIA	VIIIB
Groupe	9	VIIIA	VIIIB
Groupe	10	VIIIA	VIIIB
Groupe	11	IB	IB
Groupe	12	IIB	IIB
Groupe	13	IIIB	IIIA
Groupe	14	IVB	IVA
Groupe	15	VB	VA
Groupe	16	VIB	VIA
Groupe	17	VIIB	VIIA
Groupe	18	VIIIB	VIIIA

4. Familles d'éléments

□Les familles d'éléments qu'il faut obligatoirement connaître sont :

•Groupe I$_A$: **Alcalins** ; •Groupe II$_A$: **Alcalino-terreux** ,

•Groupe VI$_A$: **Chalcogènes** ; •Groupe VII$_A$: **Halogènes** ;

•Groupe VIII$_A$: **Gaz Rares** ; •Blocs d et f : **éléments de transition**

Un élément est dit de transition si sa configuration électronique de valence ou celle de l'ion correspondant le plus stable contient une sous couche d et ou f incomplète.

•Eléments de la deuxième période : « libebcnofne » □Li-Be-B-C-N-O-F-Ne

•Eléments de la troisième période : « namgalsipsclar » □Na-Mg-Al-Si-P-S-Cl-Ar

□Les métaux et non métaux (métalloïdes) :

Comment reconnaître un métal et un non-métal ?

Règle de Sanderson : Un élément est métallique si le nombre d'électrons de sa couche de n le plus élevé est inférieur ou égal au numéro de sa période (sauf H et Ge).

Exemples :

•Mg : $Z = 12 = 10 + 2$ □[Ne] $3s^2$;

2 électrons sur n=3 et appartient à la période 3 ; $2 < 3$ □ Mg est un métal

•Ga : Z = 31 = 18 + 13 □ [Ar] $3d^{10}\ 4s^2\ 4p^1$;

3 électrons sur n= 4 et appartient à la période 4 ; 3 < 4 □ Ga est un métal

II. Règle de l'octet

1. Stabilité des gaz rares

Les gaz rares ou gaz nobles présentent une grande inertie chimique, ils ne donnent pratiquement aucune réaction. Ils refusent de réagir avec les autres éléments dans des composés chimiques. Ce sont des gaz monoatomiques doués d'une grande stabilité.

Cette grande stabilité est due à leur configuration électronique qui fait apparaître une couche de valence saturée à 8 électrons.

↑↓		↑↓	↑↓	↑↓		Couche remplie = stabilité
Ns^2			Np^6			

Un atome ou un ion qui présente une structure électronique similaire à celle des gaz rares en ns^2np^6 (soit 8 électron = octet sur sa couche de valence) présente une stabilité particulièrement importante. Les atomes vont donc chercher à acquérir cette structure en ns^2np^6afin de devenir plus stable.

2. Enoncé de la règle de l'octet

Un atome cherche à acquérir la structure électronique du gaz rare le plus proche de lui dans la classification périodique.

Exemples d'application :

Ca : Z=20=18+2 □ [Ar] $4s^2$

Ca peut acquérir la structure de l'argon en perdant 2e- : Ca→ $Ca^{2+} + 2e^-$, l'ion le plus stable du calcium sera donc Ca^{2+}.

Les ions les plus stables des éléments des blocs s et p :

IA	IIA	IIIA	IVA	VA	VIA	VIIA
Ns^1	Ns^2	Ns^2np^1	Ns^2np^2	Ns^2np^3	Ns^2np^4	Ns^2np^5
□	□	□	□	□	□	□
X^+	X^{2+}	X^{3+}	X^{4+} X^{4-}	X^{3-}	X^{2-}	X^-

□Les métaux donnent des cations et pas des anions.

□Les semi-métaux peuvent donner des anions et des cations.

Tableau périodique des éléments

≥	1 I A	2 II A	3 III B	4 IV B	5 V B	6 VI B	7 VII B	8 VIII B	9 VIII B	10 VIII B	11 I B	12 II B	13 III A	14 IV A	15 V A	16 VI A	17 VII A	18 VIII A
1	1 H																	2 He
2	3 Li	4 Be											5 B	6 C	7 N	8 O	9 F	10 Ne
3	11 Na	12 Mg											13 Al	14 Si	15 P	16 S	17 Cl	18 Ar
4	19 K	20 Ca	21 Sc	22 Ti	23 V	24 Cr	25 Mn	26 Fe	27 Co	28 Ni	29 Cu	30 Zn	31 Ga	32 Ge	33 As	34 Se	35 Br	36 Kr
5	37 Rb	38 Sr	39 Y	40 Zr	41 Nb	42 Mo	43 Tc	44 Ru	45 Rh	46 Pd	47 Ag	48 Cd	49 In	50 Sn	51 Sb	52 Te	53 I	54 Xe
6	55 Cs	56 Ba	*	72 Hf	73 Ta	74 W	75 Re	76 Os	77 Ir	78 Pt	79 Au	80 Hg	81 Tl	82 Pb	83 Bi	84 Po	85 At	86 Rn
7	87 Fr	88 Ra	**	104 Rf	105 Db	106 Sg	107 Bh	108 Hs	109 Mt	110 Ds	111 Rg	112 Cn[2]	113 Uut	114 Uuq	115 Uup	116 Uuh	117 Uus	118 Uuo

* Lanthanides	57 La	58 Ce	59 Pr	60 Nd	61 Pm	62 Sm	63 Eu	64 Gd	65 Tb	66 Dy	67 Ho	68 Er	69 Tm	70 Yb	71 Lu
** Actinides	89 Ac	90 Th	91 Pa	92 U	93 Np	94 Pu	95 Am	96 Cm	97 Bk	98 Cf	99 Es	100 Fm	101 Md	102 No	103 Lr

Métalloïdes	Non-métaux	Halogènes	Gaz nobles
Métaux alcalins	Métaux alcalino-terreux	Métaux de transition	Métaux pauvres
	Lanthanides	Actinides	

CHAPITRE V : LIAISON CHIMIQUE

Définition :

• Une molécule est un assemblage chimique électriquement neutre d'au moins de deux atomes qui peut exister à l'état libre.

• La molécule = Agrégats atomiques liés par des forces de valence ⇨ liaisons chimiques

Exemple : H_2, O_2, N_2 H_2O, CO_2, NO_2, SO_2, CH_4, NH_3

I- Modèle de LEWIS

Pré-requis : Configuration électronique des atomes, Règles de stabilité = règle de l'octet et propriétés atomiques (électronégativité)

Dans ce chapitre nous allons décrire de manière simple comment les atomes s'unissent entre eux par la formation de liaisons chimiques.

Dans cette première approche nous allons utiliser un modèle simple développé par Lewis en 1916, qui explique la formation des liaisons entre atomes par la mise en commun de doublets d'électrons.

Ce modèle purement qualitatif a le très grand avantage de ne pas utiliser de calculs mathématiques. Il permet néanmoins de décrire très simplement de nombreuses propriétés chimiques.

1. Transformation des atomes

Lorsqu'un atome subit une transformation c'est-à-dire échange des électrons ou établit de liaisons, il le fait pour saturer sa couche de valence □ il cherche à se stabiliser = avoir la structure du gaz rare le plus proche.

2. Notion de liaison chimique

On distingue deux grandes catégories de liaisons chimiques :

□ Des liaisons qui résultent de la mise en commun d'un doublet d'électrons entre deux atomes.

1. Liaison de covalence normale □ chaque atome donne un électron célibataire :

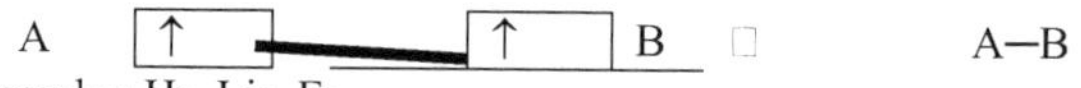

Exemple ; H_2, Li_2, F_2

2. Liaison dative ou liaison donneur – accepteur ou de coordination

□ Un atome donne le doublet, le deuxième atome possédant une case quantique vide.

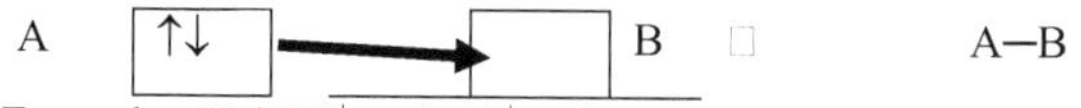

Exemple ; He|□H^+ = $(heh)^+$: He = donneur, H+=Accepteur

Ces deux types de liaisons sont identiques et totalement indiscernables l'une de l'autre.

□ Des liaisons que l'on peut décrire en termes d'interaction électrostatique entre charge de signes opposés :

3. Liaison ionique □ transfert total d'électrons de valence $\begin{cases} Na^{\bullet} \rightarrow Na^{+} + 1e^{-} \\ Cl + 1e^{-} \rightarrow Cl^{-} \end{cases} \Rightarrow Na^{+}Cl^{-}$

4. Liaisons intermoléculaires de faibles énergies □ Liaison hydrogène et liaison de Van der Waals.

• Dans une molécule, un atome peut former des liaisons simples, doubles ou triples :

A—B	A=B	A≡B
Simple	Double	Triple

• Quand A≠B, La répartition des électrons dans la liaison covalente A-B ne sera pas exactement symétrique. En effet, le doublet électronique sera déplacé vers l'atome le plus électronégatif : On dit que **la liaison covalente est** polarisée.

La direction de la polarisation est donnée par des charges partielles δ dite aussi charge nette : (+δ) pour l'atome le moins électronégatif et (-δ) pour le plus électronégatif.

• Plus la différence d'électronégativité est grande entre les atomes, plus les charges partielles sont élevées

□ la liaison polarisée présente un caractère « ionique », ce qui se traduit par la création d'un dipôle induit dit moment de liaison.

3. Notion de la valence

□ c'est le nombre de liaisons que fait un atome dans une molécule.

□ Elle correspond en général au nombre d'électrons non appariés « électrons célibataires » de l'atome considéré.

□ La valence normale d'un atome se déduit du schéma de Lewis atomique, donc de sa configuration électronique de valence :

Atome	Schéma de Lewis	Valence	Nomenclature	Exemple
H	[↑] ______	1	Monovalent	H-H
F	[He] [↑↓] [↑↓ | ↑↓ | ↑]	1	Monovalent	H-F
O	[He] [↑↓] [↑↓ | ↑ | ↑]	2	Divalent	H2O
N	[He] [↑↓] [↑ | ↑ | ↑]	3	Trivalent	NH3
C	[He] [↑] [↑ ↑ ↑]	4	Tétravalent	CH4

Règle : Le nombre de liaison que peut faire un atome donné est limité et ne peut dépasser une valeur maximale égale au nombre de cases quantiques disponibles sur la couche de valence de l'atome considéré

- La valence d'un atome peut être augmentée ou diminuée par excitation de l'atome.
- Excitation de l'atome = un ou plusieurs électrons changent de cases quantiques
- Si le nombre d'électrons célibataire augmente, la valence augmente
- Si le nombre d'électrons célibataire diminue, la valence diminue.

II- Schéma de Lewis moléculaire

Ce schéma constitue une description symbolique de la molécule faisant apparaître la manière dont les atomes s'unissent entre eux.

1. Principe

• **<u>ATOME</u>** : Dans le schéma de Lewis atomique, on représente les électrons de valence de l'atome isolé : Le Doublet par deux points (••) ou un tiret (—) et un électron célibataire par un point (•).

Exemple : Cl (Z=17)

Cl [Ne] [↑↓] [↑↓ ↑↓ ↑]

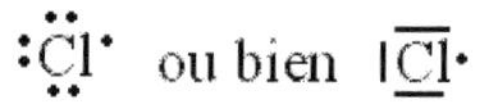

• **<u>MOLÉCULE</u>** : Dans le schéma de Lewis moléculaire on fait apparaître non seulement les liaisons chimiques entre atomes (doublet X = tiret) mais les électrons qui ne participent pas à la liaison (doublets non liants E).

Procédé de construction du schéma de Lewis moléculaire

1. On donne la configuration électronique simplifiée en faisant apparaître la couche de valence et on écrit le schéma de Lewis des atomes engagés dans la molécule.
2. On dispose les atomes les uns par rapport aux autres. L'atome le moins électronégatif est souvent l'atome central.
3. On calcule le nombre N total des électrons de valence qu'on divise par deux pour déduire le nombre p de doublets :
4. On répartit les doublets de façon à représenter les liaisons simples entre atomes.
5. S'il reste des électrons, on place les doublets de façon à respecter la règle de l'octet :

Par ajout des paires libres sur les atomes

Par ajout de nouvelles liaisons ⇨ création de liaisons doubles, triples ou donneur - accepteur)

2. Cas exceptionnels

Parfois il est impossible d'entourer chaque atome de 4 paires d'électrons

Non-respect de la règle de l'octet

A. Les composés déficients en électrons

Exemple : BF_3

1) Configurations électroniques de B et F

B (Z=5=2+3) □ [He] $2s^2 2p^1$

He] [↑↓] [↑ | |]

Valence = 1 □ 1 liaisons

B augmente sa valence □

He] [↑] [↑ | ↑ |]

Valence = 3 □ 3 liaisons + 1 case vide

F (Z=9=2+7) □ [He] $2s^2 2p^5$

He] [↑↓] [↑↓ ↑↓ ↑]

Valence = 1 □ 1 liaisons + 3 doublets

2) B est moins électronégatif que F □ B atome central : F B F

3) N=3+3x7=24 électrons de valence P=24/2= 12 doublets

4) Trois liaisons simples + 3*3=9 doublets libres sur les atomes de fluor

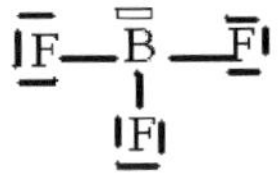

L'atome de bore ne peut pas être entouré de 4 paires d'électrons □la règle de l'octet n'est pas respectée pour lui.

B. Les composés hyper-valent

Les éléments de la 3ème période (soufre, phosphore et Chlore) peuvent former des composés dans lesquels sont entourés de plus de 4 paires d'électrons

Exemple : Molécule PCl_5

1) Configurations électroniques de P et Cl :

P (Z=15=10+5) □ [Ne] $3s^2 3p^3$

Ne] [↑↓] [↑ | ↑ | ↑]

Valence = 3 □ 3 liaisons

Or dans pcl5, P est pentavalent (5 liaisons) □ P augmente sa valence :

[Ne] [↑] [↑ | ↑ | ↑] [↑ | | | |]

Valence = 5 □ 5 liaisons

Cl (Z=17) □ [Ne] $3s^2 3p^5$

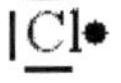

Ne] [↑↓] [↑↓ ↑↓ ↑]

Valence = 1 □ 1 liaisons + 3 doublets

2) P est moins électronégatif que F □ P atome central

3) Nombre N total d'électrons de valence : N=5+5x7=40 e-

Nombre de doublets : p=40/2=20

4) 20 doublets = 5 (liaisons simples) + 3x5 (doublets libres sur les atomes F)

D'où l'écriture de Lewis :

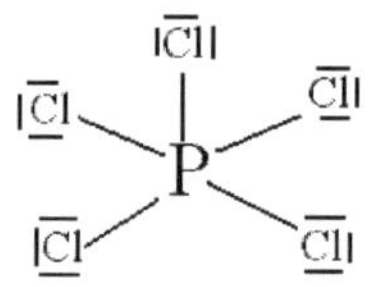

L'atome de phosphore est entouré de plus de 4 paires d'électrons □ P est hyper-valent.

III- hybridations des orbitales

La théorie d'hybridation permet d'expliquer la géométrie de certaines molécules. Elle donne aussi les valeurs des angles que font entre elles les directions des liaisons dans une molécule polyatomique.

Il existe trois types d'hybridation : sp^3, sp^2 et sp.

La théorie d'hybridation :

1. Permet d'expliquer la géométrie de certaines molécules.
1. Donne aussi les valeurs des angles que font entre elles les directions des liaisons dans une molécule polyatomique.

Il existe trois types d'hybridation : sp3, sp2 et sp.

1. Hybridation sp^3

Dans la molécule CH_4, Les quatre liaisons C-H sont identiques. Elles font un angle de 109°28'. Une structure tétraédrique régulière a été adoptée avec le carbone au centre de polyèdre et les atomes d'hydrogène aux sommets.

Pour expliquer cette forme tétraédrique de CH_4 on procède par étape.

-<u>1ère étape</u>

Configuration du carbone à l'***état fondamental*** : $1s^2\ 2s^2\ 2p^2$

On ne considère que les électrons de valence. Le carbone possède 2 électrons célibataires donc il ne peut former que deux liaisons.

- <u>2ème étape</u>

La configuration électronique du carbone à l'***état excité*** : $1s^2\ 2s^1\ 2p^3$

Selon l'état excité : Le carbone présente quatre électrons célibataires. On peut donc expliquer quatre liaisons.

- **<u>3ème étape</u>**

Orbitales hybrides sp^3.

On considère que le carbone dans son état réactionnel possède quatre orbitales hybrides équivalentes qui sont obtenues en mélangeant les orbitales atomiques de base 2s, $2p_x$, $2p_y$ et $2p_z$.

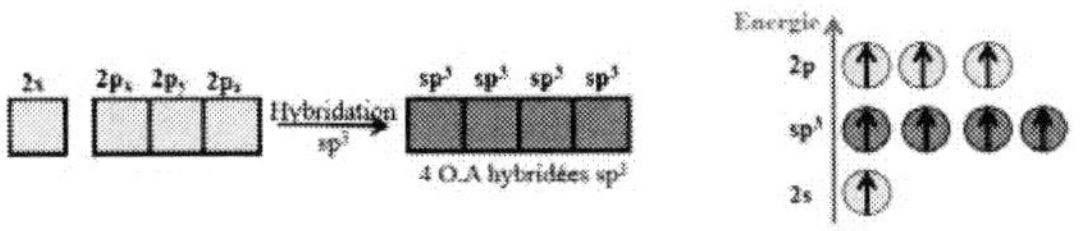

Chaque O.A. hybridée $\mathbf{sp^3}$ présente 25% du caractère **s** et 75% du caractère **p**.

Les 4 O.A. hybridées $\mathbf{sp^3}$ sont équivalents et sont dirigées du centre au sommet d'un ***tétraèdre régulier*** et elles sont équivalentes.

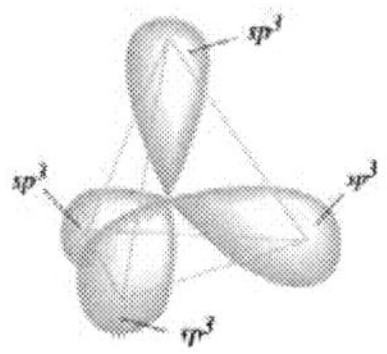

Une orbitale hybridée sp^3 peut se combiner avec une autre orbitale (recouvrement axial) pour donner une **liaison σ**.

2. Hybridation sp2

Cette hybridation est un recouvrement entre une ***O.A. s*** et ***2 O.A. p*** donnant lieu à trois orbitales identiques ***hybridées*** sp^2, ***la 3ème O.A.*** reste **non hybridé.** Chaque O.A. hybridée $\mathbf{sp^2}$ présente 1/3 du caractère **s** et 2/3 du caractère **p**.

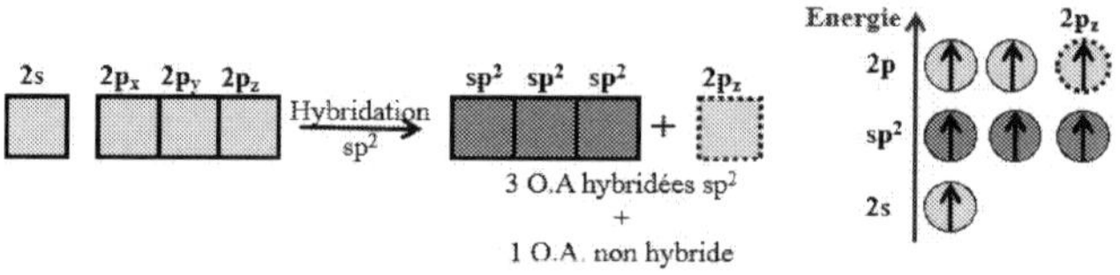

Les trois O.A. hybridées sp^2 sont encore appelées O.A. trigonales ont une configuration plane formant un angle de 120°.

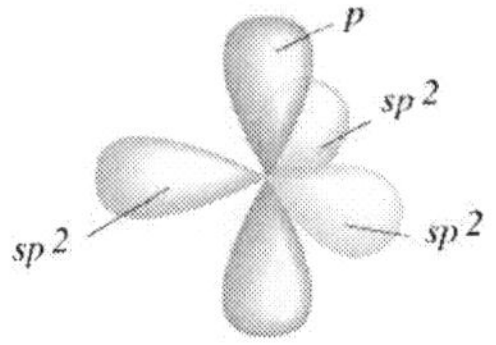

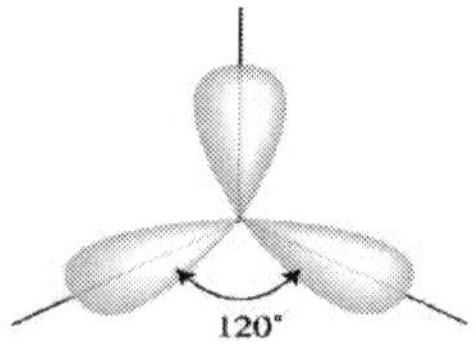

Exemple :

Formation de la molécule C_2H_4

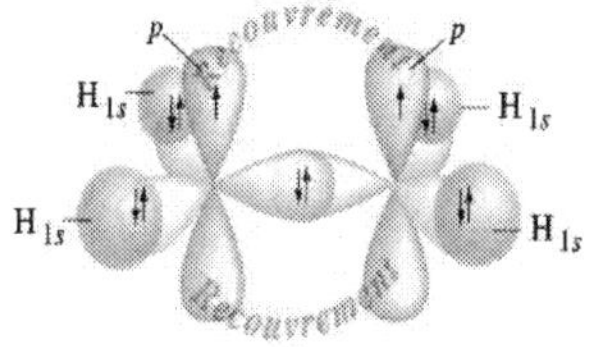

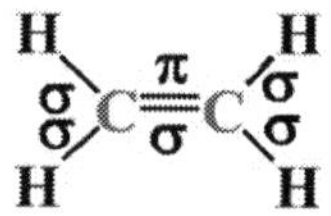

Un carbone dont l'état d'hybridation est sp^2 donne 2 types de liaison :

- Recouvrement axial (**liaison σ**).
- Recouvrement latéral (**liaisonπ**).

3. Hybridation sp

Cette hybridation est un recouvrement entre une ***O.A. s*** et une ***O.A. p*** donnant lieu à deux orbitales identiques ***hybridées sp***.

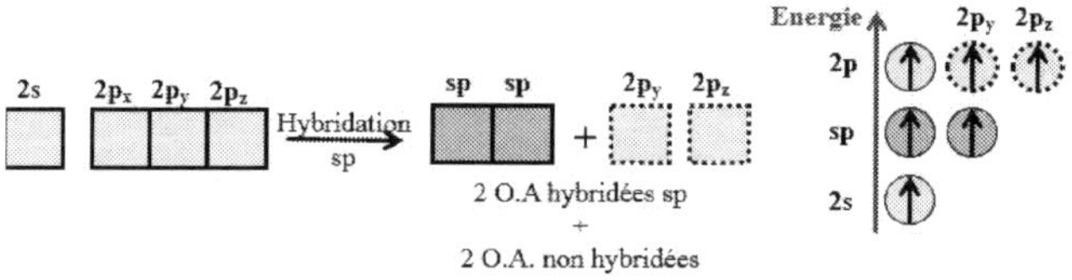

Les O.A. hybridées sp sont encore appelées O.A. diagonales. Chaque O.A. hybridée **sp** présente 50% de caractère **s** et 50% de caractère **p** et l'angle entre les orbitales hybridées est de 180°.

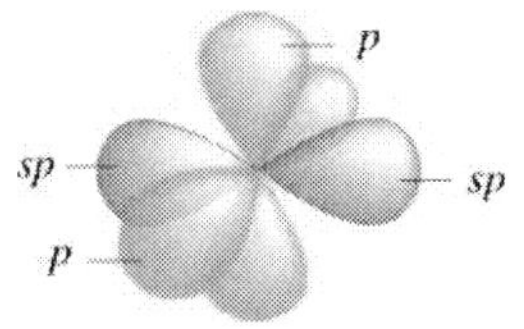

Formation de la molécule C_2H_2

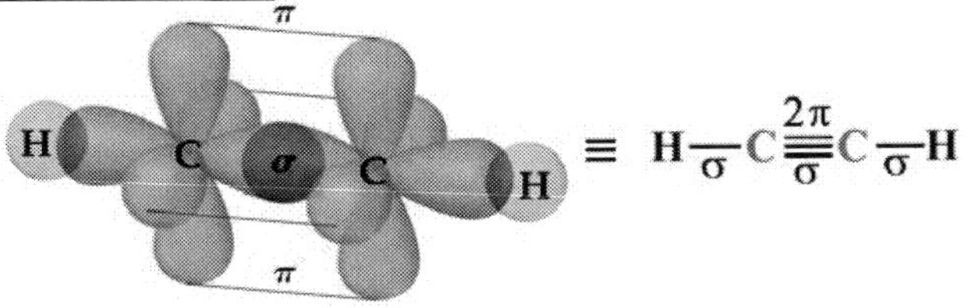

Un carbone dont l'état d'hybridation est sp donne 3 liaisons :

- Le recouvrement axial donne une liaison σ.

- Les Recouvrements latéraux donnent deux liaisons.

H —σ— C ≡ C —σ— H (triple liaison C≡C : π, σ, π)	Molécule d'Acétylène l'état d'hybridation sp donne une structure linéaire.

La molécule est linéaire. Les deux liaisons C-H sont identiques et font un angle de 180° entre elles.

CONCLUSION GENERALE

Nous avons exploré dans ce livre les concepts clés de l'atomistique et de la liaison chimique, ainsi que les théories et les modèles qui ont été développés pour les comprendre. Nous avons examiné la structure des atomes, la formation des liaisons chimiques et les propriétés des molécules et des composés.

L'atomistique et la liaison chimique sont des domaines fondamentaux de la chimie, qui nous permettent de comprendre la structure et le comportement de la matière, ainsi que les réactions chimiques. La compréhension de ces concepts est cruciale pour de nombreux domaines de la chimie, tels que la cinétique chimique, la thermodynamique, la spectroscopie et la chimie des matériaux, ainsi que pour d'autres domaines scientifiques tels que la biologie, la physique et la géologie.

Ce livre a été conçu pour aider les étudiants en chimie, les professionnels de la chimie et tous ceux qui cherchent à approfondir leur compréhension de l'atomistique et de la liaison chimique. Nous espérons qu'il a été utile pour apprendre, réviser et approfondir les connaissances de base sur ces domaines de la chimie.

En conclusion, l'atomistique et la liaison chimique sont des domaines passionnants de la chimie, qui sont essentiels pour comprendre la structure et le comportement de la matière, ainsi que pour développer de nouveaux matériaux et de nouvelles technologies. Nous vous encourageons à poursuivre votre exploration de ces domaines et à continuer à développer votre compréhension de la chimie.

Publisher: Eliva Press Global Ltd

Email: info@elivapress.com

Made in United States
Orlando, FL
04 November 2026

90209905R10031